교과서 연계 연산 강화 프로젝트
속도와 정확성을 동시에 잡는 연산 훈련서

쌤과 맘

쌍둥이 연산노트

초등 4단계

2·2

예습책

1일 2쪽
한 달 완성

이젠교육
EZEN EDUCATION

이젠수학연구소 지음

이젠수학연구소는 유아에서 초중고까지 학생들이 수학의 바른길을 찾아갈 수 있도록 수학 학습법을 연구하는 이젠교육의 수학 연구소입니다. 수학 실력은 하루아침에 완성되지 않으며, 다양한 경험을 통해 발달합니다. 그길에 친구가 되고자 노력합니다.

쌤과 맘이 만든

쌍둥이 연산 노트 2-2 예습책 (초등 4단계)

지 은 이	이젠수학연구소	개발책임	최철훈
펴 낸 이	임요병	편 집	㈜성지이디피
펴 낸 곳	㈜이젠미디어	디 자 인	이순주, 최수연
출판등록	제 2020-000073호	제 작	이성기
주 소	서울시 영등포구 양평로 22길 21 코오롱디지털타워 404호	마 케 팅	김남미
		인스타그램	@ezeneducation
전 화	(02)324-1600	블 로 그	http://blog.naver.com/ezeneducation
팩 스	(031)941-9611		

@이젠교육

ISBN 979-11-90880-54-1

쌤과 맘이 만든

쌍둥이 연산노트

초등 4단계

2·2

예습책

쌍둥이 연산 노트

한눈에 보기

1학년

1학기 단원	학습 내용
9까지의 수	· 9까지의 수의 순서 알기 · 수를 세어 크기 비교하기
덧셈	· 9까지의 수 모으기 · 합이 9까지인 덧셈하기
뺄셈	· 9까지의 수 가르기 · 한 자리 수의 뺄셈하기
50까지의 수	· 십몇 알고 모으기와 가르기 · 50까지의 수의 순서 알기 · 50까지의 수의 크기 비교

2학기 단원	학습 내용
100까지의 수	· 100까지의 수의 순서 알기 · 100까지 수의 크기 비교하기
덧셈(1)	· (몇십몇)+(몇십몇) · 합이 한 자리 수인 세 수의 덧셈
뺄셈(1)	· (몇십몇)−(몇십몇) · 계산 결과가 한 자리 수인 세 수의 뺄셈
덧셈(2)	· 세 수의 덧셈 · 받아올림이 있는 (몇)+(몇)
뺄셈(2)	· 세 수의 뺄셈 · 받아내림이 있는 (십몇)−(몇)

2학년

1학기 단원	학습 내용
세 자리 수	· 세 자리 수의 자릿값 알기 · 수의 크기 비교
덧셈	· 받아올림이 있는 (두 자리 수)+(두 자리 수) · 세 수의 덧셈
뺄셈	· 받아내림이 있는 (두 자리 수)−(두 자리 수) · 세 수의 뺄셈
곱셈	· 몇 배인지 알아보기 · 곱셈식으로 나타내기

2학기 단원	학습 내용
네 자리 수	· 네 자리 수 알기 · 두 수의 크기 비교
곱셈구구	· 2~9단 곱셈구구 · 1의 단, 0과 어떤 수의 곱
길이 재기	· 길이의 합 · 길이의 차
시각과 시간	· 시각 읽기 · 시각과 분 사이의 관계 · 하루, 1주일, 달력 알기

3학년

1학기 단원	학습 내용
덧셈	· 받아올림이 있는 (세 자리 수)+(세 자리 수)
뺄셈	· 받아내림이 있는 (세 자리 수)−(세 자리 수)
나눗셈	· 곱셈과 나눗셈의 관계 · 나눗셈의 몫 구하기
곱셈	· 올림이 있는 (몇십몇)×(몇)
길이와 시간의 덧셈과 뺄셈	· 길이의 덧셈과 뺄셈 · 시간의 덧셈과 뺄셈
분수와 소수	· 분모가 같은 분수의 크기 비교 · 소수의 크기 비교

2학기 단원	학습 내용
곱셈	· 올림이 있는 (세 자리 수)×(한 자리 수) · 올림이 있는 (몇십몇)×(몇십몇)
나눗셈	· 나머지가 있는 (몇십몇)÷(몇) · 나머지가 있는 (세 자리 수)÷(한 자리 수)
분수	· 진분수, 가분수, 대분수 · 대분수를 가분수로 나타내기 · 가분수를 대분수로 나타내기 · 분모가 같은 분수의 크기 비교
들이와 무게	· 들이의 덧셈과 뺄셈 · 무게의 덧셈과 뺄셈

쌍둥이 연산 노트는 **수학 교과서의 연산과 관련된 모든 영역의 문제를**
학교 수업 차시에 맞게 구성하였습니다.

4학년

1학기

단원	학습 내용
큰 수	· 다섯 자리 수 · 천만, 천억, 천조 알기 · 수의 크기 비교
각도	· 각도의 합과 차 · 삼각형의 세 각의 크기의 합 · 사각형의 네 각의 크기의 합
곱셈	· (몇백)×(몇십) · (세 자리 수)×(두 자리 수)
나눗셈	· (몇백몇십)÷(몇십) · (세 자리 수)÷(두 자리 수)

2학기

단원	학습 내용
분수의 덧셈	· 분모가 같은 분수의 덧셈 · 진분수 부분의 합이 1보다 큰 대분수의 덧셈
분수의 뺄셈	· 분모가 같은 분수의 뺄셈 · 받아내림이 있는 대분수의 뺄셈
소수의 덧셈	· (소수 두 자리 수)+(소수 두 자리 수) · 자릿수가 다른 소수의 덧셈
소수의 뺄셈	· (소수 두 자리 수)−(소수 두 자리 수) · 자릿수가 다른 소수의 뺄셈
다각형	· 삼각형, 평행사변형, 마름모, 직사각형의 각도와 길이 구하기

5학년

1학기

단원	학습 내용
자연수의 혼합 계산	· 덧셈, 뺄셈, 곱셈, 나눗셈이 섞여 있는 식 계산하기
약수와 배수	· 약수와 배수 · 최대공약수와 최소공배수
약분과 통분	· 약분과 통분 · 분수와 소수의 크기 비교
분수의 덧셈과 뺄셈	· 받아올림이 있는 분수의 덧셈 · 받아내림이 있는 분수의 뺄셈
다각형의 둘레와 넓이	· 정다각형의 둘레 · 사각형, 평행사변형, 삼각형, 마름모, 사다리꼴의 넓이

2학기

단원	학습 내용
어림하기	· 올림, 버림, 반올림
분수의 곱셈	· (분수)×(자연수) · (자연수)×(분수) · (분수)×(분수) · 세 분수의 곱셈
소수의 곱셈	· (소수)×(자연수) · (자연수)×(소수) · (소수)×(소수) · 곱의 소수점의 위치
자료의 표현	· 평균 구하기

6학년

1학기

단원	학습 내용
분수의 나눗셈	· (자연수)÷(자연수) · (분수)÷(자연수)
소수의 나눗셈	· (소수)÷(자연수) · (자연수)÷(자연수)
비와 비율	· 비와 비율 구하기 · 비율을 백분율, 백분율을 비율로 나타내기
직육면체의 부피와 겉넓이	· 직육면체의 부피와 겉넓이 · 정육면체의 부피와 겉넓이

2학기

단원	학습 내용
분수의 나눗셈	· (진분수)÷(진분수) · (자연수)÷(분수) · (대분수)÷(대분수)
소수의 나눗셈	· (소수)÷(소수) · (자연수)÷(소수) · 몫을 반올림하여 나타내기
비례식과 비례배분	· 간단한 자연수의 비로 나타내기 · 비례식과 비례배분
원주와 원의 넓이	· 원주, 지름, 반지름 구하기 · 원의 넓이 구하기

구성과 유의점

단원	학습 내용	지도 시 유의점	표준 시간
네 자리 수	01 1000, 몇천 알아보기	1000씩 묶어서 세어 보고, 1000이 몇 개이면 몇천임을 이해하게 합니다.	8분
	02 네 자리 수 알아보기	1000이 몇 개, 100이 몇 개, 10이 몇 개, 1이 몇 개인 수로 나타내어 봄으로써 네 자리 수의 구성 원리를 이해하게 합니다.	7분
	03 각 자리의 숫자 알아보기(1)	네 자리의 수에서 천의 자리 숫자, 백의 자리 숫자, 십의 자리 숫자, 일의 자리 숫자는 무엇인지 알게 하고 각 자리의 숫자가 나타내는 값을 이해하게 합니다.	7분
	04 각 자리의 숫자 알아보기(2)		8분
	05 뛰어 세기(1)	1000씩, 100씩, 10씩, 1씩 뛰어 세기를 통해 네 자리 수의 계열을 이해하게 합니다.	8분
	06 뛰어 세기(2)		8분
	07 두 수의 크기 비교(1)	· 각 자리의 숫자가 나타내는 값을 이용하여 네 자리 수의 크기를 비교하게 합니다. · 비교한 결과를 >, <를 사용하여 나타내게 합니다.	8분
	08 두 수의 크기 비교(2)		8분
곱셈구구	01 2의 단 곱셈구구(1)	· 2의 단 곱셈구구의 구성 원리를 이해하고 곱셈구구를 완성하게 합니다. · 2의 단 곱셈구구를 이용하여 문제를 해결하게 합니다.	11분
	02 2의 단 곱셈구구(2)		15분
	03 3의 단 곱셈구구(1)	· 3의 단 곱셈구구의 구성 원리를 이해하고 곱셈구구를 완성하게 합니다. · 3의 단 곱셈구구를 이용하여 문제를 해결하게 합니다.	11분
	04 3의 단 곱셈구구(2)		15분
	05 4의 단 곱셈구구(1)	· 4의 단 곱셈구구의 구성 원리를 이해하고 곱셈구구를 완성하게 합니다. · 4의 단 곱셈구구를 이용하여 문제를 해결하게 합니다.	11분
	06 4의 단 곱셈구구(2)		15분
	07 5의 단 곱셈구구(1)	· 5의 단 곱셈구구의 구성 원리를 이해하고 곱셈구구를 완성하게 합니다. · 5의 단 곱셈구구를 이용하여 문제를 해결하게 합니다.	11분
	08 5의 단 곱셈구구(2)		15분
	09 6의 단 곱셈구구(1)	· 6의 단 곱셈구구의 구성 원리를 이해하고 곱셈구구를 완성하게 합니다. · 6의 단 곱셈구구를 이용하여 문제를 해결하게 합니다.	11분
	10 6의 단 곱셈구구(2)		15분
	11 7의 단 곱셈구구(1)	· 7의 단 곱셈구구의 구성 원리를 이해하고 곱셈구구를 완성하게 합니다. · 7의 단 곱셈구구를 이용하여 문제를 해결하게 합니다.	11분
	12 7의 단 곱셈구구(2)		15분

◆ 차시별 2쪽 구성으로 차시의 중요도별로 A~C단계로 2~6쪽까지 집중적으로 학습할 수 있습니다.

◆ 차시별 예습 2쪽+복습 2쪽 구성으로 시기별로 2번 반복할 수 있습니다.

단원	학습 내용	지도 시 유의점	표준 시간
곱셈구구	13 8의 단 곱셈구구(1)	· 8의 단 곱셈구구의 구성 원리를 이해하고 곱셈구구를 완성하게 합니다. · 8의 단 곱셈구구를 이용하여 문제를 해결하게 합니다.	11분
	14 8의 단 곱셈구구(2)		15분
	15 9의 단 곱셈구구(1)	· 9의 단 곱셈구구의 구성 원리를 이해하고 곱셈구구를 완성하게 합니다. · 9의 단 곱셈구구를 이용하여 문제를 해결하게 합니다.	11분
	16 9의 단 곱셈구구(2)		15분
	17 1의 단 곱셈구구, 0과 어떤 수의 곱(1)	· 1의 단 곱셈구구의 구성 원리를 이해하고 0과 어떤 수의 곱을 이해하게 합니다. · 1의 단 곱셈구구와 0의 곱을 이용하여 문제를 해결하게 합니다.	11분
	18 1의 단 곱셈구구, 0과 어떤 수의 곱(2)		13분
길이 재기	01 길이의 합(1)	· 구체적인 상황에서 길이의 합을 구하는 원리를 알게 합니다. · 자연수의 덧셈과 길이의 합을 자연스럽게 연결하여 생각할 수 있도록 지도합니다.	9분
	02 길이의 합(2)		9분
	03 길이의 합(3)		13분
	04 길이의 차(1)	· 구체적인 상황에서 길이의 차를 구하는 원리를 알게 합니다. · 자연수의 뺄셈과 길이의 차를 자연스럽게 연결하여 생각할 수 있도록 지도합니다.	9분
	05 길이의 차(2)		9분
	06 길이의 차(3)		13분
시각과 시간	01 시각 읽기(1)	· 긴 바늘이 가리키는 숫자와 분의 관계를 알고 5분, 1분 단위의 시각을 읽는 방법을 알아보게 합니다. · 몇 시 몇 분 전으로 시각을 읽고 나타내게 합니다.	8분
	02 시각 읽기(2)		8분
	03 시각과 분 사이의 관계(1)	· 1시간=60분임을 알아보게 합니다. · 몇 시 몇 분을 몇 분으로, 몇 분을 몇 시 몇 분으로 고칠 수 있게 합니다.	10분
	04 시각과 분 사이의 관계(2)		10분
	05 하루의 시간(1)	· 1일=24시간임을 알아보게 합니다. · 며칠을 몇 시간으로, 몇 시간을 며칠로 고칠 수 있게 합니다.	10분
	06 하루의 시간(2)		10분
	07 1주일 알기(1)	· 1주일=7일임을 알아보게 합니다. · 몇 주를 며칠로, 며칠을 몇 주로 고칠 수 있게 합니다.	10분
	08 1주일 알기(2)		10분
	09 달력 알기(1)	달력을 보고 1년=12개월과 각 달의 날수를 구할 수 있도록 합니다.	7분
	10 달력 알기(2)		8분

01 1000, 몇천 알아보기 A

1000 알아보기

100이 10개이면 1000이고, 천이라고 읽습니다.

몇천 알아보기

수	1000이 2개	1000이 3개	1000이 4개	……	1000이 9개
쓰기	2000	3000	4000	……	9000
읽기	이천	삼천	사천	……	구천

원리 비법 **1000이 몇 개**인지에 따라 수가 달라져!

빈칸에 알맞은 수나 말을 써넣으세요.

1

수	1000이 5개
쓰기	
읽기	오천

2

수	1000이 2개
쓰기	2000
읽기	

3

수	1000이 9개
쓰기	
읽기	구천

4

수	1000이 3개
쓰기	3000
읽기	

5

수	1000이 8개
쓰기	
읽기	팔천

6

수	1000이 1개
쓰기	1000
읽기	

7

수	1000이 7개
쓰기	7000
읽기	

8

수	1000이 6개
쓰기	
읽기	육천

정답 92쪽

공부한 날짜	맞힌 개수	걸린 시간
월 일	/22	분

◆ □ 안에 알맞은 수를 써넣으세요.

⑨ 1000이 4개이면 □입니다.

⑩ 1000이 6개이면 □입니다.

⑪ 1000이 1개이면 □입니다.

⑫ 1000이 3개이면 □입니다.

⑬ 1000이 5개이면 □입니다.

⑭ 1000이 8개이면 □입니다.

⑮ 1000이 2개이면 □입니다.

⑯ 1000이 7개이면 □입니다.

⑰ 1000이 8개이면 □입니다.

⑱ 1000이 5개이면 □입니다.

⑲ 1000이 9개이면 □입니다.

⑳ 1000이 1개이면 □입니다.

㉑ 1000이 3개이면 □입니다.

㉒ 1000이 6개이면 □입니다.

02 네 자리 수 알아보기 A

3014 알아보기

1000이 3개
100이 0개
10이 1개
1이 4개
인 수는 3014입니다.

➡ 1000이 3개, 100이 0개, 10이 1개, 1이 4개이면 3014이고, 삼천십사라고 읽습니다.

원리 비법 숫자가 **0인 자리**는 읽지 않아!

☐ 안에 알맞은 수나 말을 써넣으세요.

1. 1000이 1개, 100이 1개, 10이 4개, 1이 8개이면 ☐이고, ☐이라고 읽습니다.

2. 1000이 4개, 100이 1개, 10이 4개, 1이 8개이면 ☐이고, ☐이라고 읽습니다.

3. 1000이 9개, 100이 7개, 10이 9개, 1이 4개이면 ☐이고, ☐라고 읽습니다.

4. 1000이 5개, 100이 2개, 10이 8개, 1이 3개이면 ☐이고, ☐이라고 읽습니다.

5. 1000이 7개, 100이 1개, 10이 4개, 1이 8개이면 ☐이고, ☐이라고 읽습니다.

정답 92쪽

공부한 날짜	맞힌 개수	걸린 시간
월 일	/15	분

□ 안에 알맞은 수를 써넣으세요.

6 1000이 2개, 100이 8개, 10이 2개, 1이 6개인 수는 □

7 1000이 8개, 100이 6개, 10이 4개, 1이 8개인 수는 □

8 1000이 3개, 100이 5개, 10이 1개, 1이 5개인 수는 □

9 1000이 4개, 100이 2개, 10이 7개, 1이 2개인 수는 □

10 1000이 7개, 100이 3개, 10이 2개, 1이 6개인 수는 □

11 9394는 1000이 □개, 100이 □개, 10이 □개, 1이 □개

12 6261은 1000이 □개, 100이 □개, 10이 □개, 1이 □개

13 1837은 1000이 □개, 100이 □개, 10이 □개, 1이 □개

14 5883은 1000이 □개, 100이 □개, 10이 □개, 1이 □개

15 8126은 1000이 □개, 100이 □개, 10이 □개, 1이 □개

03 각 자리의 숫자 알아보기 A

2519의 자릿값 알아보기

천의 자리	백의 자리	십의 자리	일의 자리
2	5	1	9
2	0	0	0
	5	0	0
		1	0
			9

2는 천의 자리 숫자이고, 2000을 나타냅니다.
5는 백의 자리 숫자이고, 500을 나타냅니다.
1은 십의 자리 숫자이고, 10을 나타냅니다.
9는 일의 자리 숫자이고, 9를 나타냅니다.

➡ 2519 = 2000 + 500 + 10 + 9

원리 비법 숫자의 **위치에 따라** 나타내는 값이 달라!

빈칸에 알맞은 수를 써넣으세요.

❶ 7637

천의 자리	백의 자리	십의 자리	일의 자리
	0	0	0
		0	0
			0

❷ 9583

천의 자리	백의 자리	십의 자리	일의 자리
	0	0	0
		0	0
			0

❸ 3459

천의 자리	백의 자리	십의 자리	일의 자리
	0	0	0
		0	0
			0

❹ 6148

천의 자리	백의 자리	십의 자리	일의 자리
	0	0	0
		0	0
			0

정답 92쪽

공부한 날짜	맞힌 개수	걸린 시간
월 일	/14	분

빈칸에 알맞은 수를 써넣으세요.

5 1472

천의 자리	백의 자리	십의 자리	일의 자리

6 4972

천의 자리	백의 자리	십의 자리	일의 자리

7 9972

천의 자리	백의 자리	십의 자리	일의 자리

8 4461

천의 자리	백의 자리	십의 자리	일의 자리

9 2659

천의 자리	백의 자리	십의 자리	일의 자리

10 2259

천의 자리	백의 자리	십의 자리	일의 자리

11 7772

천의 자리	백의 자리	십의 자리	일의 자리

12 3259

천의 자리	백의 자리	십의 자리	일의 자리

13 5648

천의 자리	백의 자리	십의 자리	일의 자리

14 6983

천의 자리	백의 자리	십의 자리	일의 자리

04 각 자리의 숫자 알아보기 B

2519 나타내기

2519 ➡

1000이 2개	100이 5개	10이 1개	1이 9개
2000	500	10	9

2519 = 2000 + 500 + 10 + 9

원리 비법 수는 **자릿값의 합**으로 나타낼 수 있어!

☐ 안에 알맞은 수를 써넣으세요.

1. 9715
=9000+☐+☐+5

2. 2783
=☐+☐+80+3

3. 5472
=☐+400+☐+2

4. 8526
=8000+500+☐+☐

5. 1859
=☐+☐+50+9

6. 3326
=☐+300+20+☐

7. 7961
=7000+900+☐+☐

8. 1115
=1000+☐+10+☐

9. 4648
=4000+☐+☐+8

10. 6526
=6000+☐+20+☐

정답 92쪽

공부한 날짜	맞힌 개수	걸린 시간
월 일	/24	분

◆ □ 안에 알맞은 수를 써넣으세요.

⑪ 4000+200+60+1 = □

⑫ 3000+600+30+7 = □

⑬ 1000+500+90+4 = □

⑭ 8000+700+10+5 = □

⑮ 5000+100+20+6 = □

⑯ 2000+500+90+4 = □

⑰ 6000+100+20+6 = □

⑱ 6000+800+50+9 = □

⑲ 2000+400+70+2 = □

⑳ 3000+100+10+5 = □

㉑ 5000+800+20+6 = □

㉒ 1000+900+90+4 = □

㉓ 7000+100+20+6 = □

㉔ 4000+400+40+8 = □

05 뛰어 세기

A

1000씩 뛰어 세기

2173 - 3173 - 4173 - 5173 - 6173 - 7173 → 천의 자리 숫자가 1씩 커집니다.

100씩 뛰어 세기

5294 - 5394 - 5494 - 5594 - 5694 - 5794 → 백의 자리 숫자가 1씩 커집니다.

10씩 뛰어 세기

3206 - 3216 - 3226 - 3236 - 3246 - 3256 → 십의 자리 숫자가 1씩 커집니다.

1씩 뛰어 세기

7611 - 7612 - 7613 - 7614 - 7615 - 7616 → 일의 자리 숫자가 1씩 커집니다.

원리 비법 **바뀌는 자리 숫자**로 몇씩 뛰어 세었는지 알 수 있어!

뛰어서 센 수입니다. 빈칸에 알맞은 수를 써넣으세요.

❶ ☐ - 3215 - 3315 - ☐ - 3515 - ☐ - 3715 - 3815

❷ 9592 - ☐ - ☐ - 9595 - 9596 - 9597 - ☐ - 9599

❸ ☐ - ☐ - 3426 - 4426 - ☐ - 6426 - 7426 - 8426

❹ 6515 - ☐ - 6535 - ☐ - 6555 - ☐ - 6575 - 6585

❺ ☐ - 4637 - ☐ - 4657 - 4667 - 4677 - ☐ - 4697

정답 93쪽

공부한 날짜	맞힌 개수	걸린 시간
월 일	/19	분

뛰어서 센 수입니다. 빈칸에 알맞은 수를 써넣으세요.

번호					
6	8337		8357		8377
7		2826	3826	4826	
8		6662	6663		6665
9	3461	3462	3463		
10		5215	5315	5415	
11	4961	4962		4964	
12		7283	7383		7583
13	3994		5994		7994
14	4337	4437		4637	
15		3583	4583		6583
16		5226	5326	5426	
17	6137		6157		6177
18	1983	2983	3983		
19	9137	9147		9167	

06 뛰어 세기 B

1000씩 거꾸로 뛰어 세기

7853 – 6853 – 5853 – 4853 – 3853 – 2853 ➡ 천의 자리 숫자가 1씩 작아집니다.

100씩 거꾸로 뛰어 세기

5891 – 5791 – 5691 – 5591 – 5491 – 5391 ➡ 백의 자리 숫자가 1씩 작아집니다.

10씩 거꾸로 뛰어 세기

6466 – 6456 – 6446 – 6436 – 6426 – 6416 ➡ 십의 자리 숫자가 1씩 작아집니다.

1씩 거꾸로 뛰어 세기

8947 – 8946 – 8945 – 8944 – 8943 – 8942 ➡ 일의 자리 숫자가 1씩 작아집니다.

원리 비법 **바뀌는 자리 숫자**로 몇씩 거꾸로 뛰어 세었는지 알 수 있어!

거꾸로 뛰어서 센 수입니다. 빈칸에 알맞은 수를 써넣으세요.

1. ☐ – ☐ – 5765 – 5755 – 5745 – ☐ – 5725 – 5715

2. 8259 – ☐ – 6259 – 5259 – 4259 – 3259 – ☐ – ☐

3. ☐ – 8837 – ☐ – 8637 – ☐ – 8437 – 8337 – 8237

4. 4799 – 4798 – ☐ – ☐ – 4795 – ☐ – 4793 – 4792

5. ☐ – ☐ – 2164 – 2154 – 2144 – 2134 – ☐ – 2114

정답 93쪽

공부한 날짜	맞힌 개수	걸린 시간
월 일	/19	분

거꾸로 뛰어서 센 수입니다. 빈칸에 알맞은 수를 써넣으세요.

6. □ - 9775 - □ - 9773 - 9772

7. 6994 - □ - 6794 - □ - 6594

8. □ - 4783 - 3783 - □ - 1783

9. 5587 - □ - 5585 - 5584 - □

10. 3526 - □ - □ - 3226 - 3126

11. □ - □ - 4659 - 4559 - 4459

12. 2555 - 2545 - □ - □ - 2515

13. □ - 8356 - 8346 - 8336 - □

14. □ - □ - 4335 - 4325 - 4315

15. 9983 - □ - □ - 6983 - 5983

16. 6661 - 5661 - 4661 - □ - □

17. □ - 7464 - 7463 - □ - 7461

18. 5848 - 4848 - □ - 2848 - □

19. 6976 - □ - 6974 - 6973 - □

07 두 수의 크기 비교 A

4201과 3746의 크기 비교

4201 →

천의 자리	백의 자리	십의 자리	일의 자리
4	2	0	1

3746 →

천의 자리	백의 자리	십의 자리	일의 자리
3	7	4	6

4201 (>) 3746

4 > 3

→ 천의 자리부터 순서대로 크기를 비교합니다.

원리 비법 **높은 자리 숫자**가 클수록 큰 수야!

◈ 빈칸에 알맞은 수를 쓰고, ○ 안에 >, <를 알맞게 써넣으세요.

1

	천의 자리	백의 자리	십의 자리	일의 자리
1386 →				
9731 →				

1386 ○ 9731

2

	천의 자리	백의 자리	십의 자리	일의 자리
2497 →				
6953 →				

2497 ○ 6953

3

	천의 자리	백의 자리	십의 자리	일의 자리
9275 →				
4164 →				

9275 ○ 4164

4

	천의 자리	백의 자리	십의 자리	일의 자리
3842 →				
5518 →				

3842 ○ 5518

5

	천의 자리	백의 자리	십의 자리	일의 자리
5042 →				
4275 →				

5042 ○ 4275

6

	천의 자리	백의 자리	십의 자리	일의 자리
3386 →				
9629 →				

3386 ○ 9629

정답 93쪽

공부한 날짜	맞힌 개수	걸린 시간
월 일	/20	분

두 수의 크기를 비교하여 ○ 안에 >, <를 알맞게 써넣으세요.

7. 5497 ○ 3518

8. 8164 ○ 4842

9. 1075 ○ 8275

10. 6731 ○ 8518

11. 2164 ○ 7386

12. 1962 ○ 9386

13. 4386 ○ 5953

14. 3275 ○ 4629

15. 1629 ○ 6275

16. 2629 ○ 5275

17. 9497 ○ 7518

18. 8842 ○ 1104

19. 8953 ○ 4629

20. 7518 ○ 5018

08 두 수의 크기 비교

B

7753과 7631의 크기 비교

7753 ➡

천의 자리	백의 자리	십의 자리	일의 자리
7	7	5	3

7631 ➡

천의 자리	백의 자리	십의 자리	일의 자리
7	6	3	1

7753 (>) 7631
7 > 6

➡ 천의 자리 숫자가 같으면 백의 자리 숫자부터 순서대로 크기를 비교합니다.

원리 비법 **백의 자리 숫자**부터 차례로 비교해!

빈칸에 알맞은 수를 쓰고, ○ 안에 >, <를 알맞게 써넣으세요.

1

	천의 자리	백의 자리	십의 자리	일의 자리
2842 ➡				
2306 ➡				

2842 ○ 2306

2

	천의 자리	백의 자리	십의 자리	일의 자리
1731 ➡				
1031 ➡				

1731 ○ 1031

3

	천의 자리	백의 자리	십의 자리	일의 자리
5953 ➡				
5518 ➡				

5953 ○ 5518

4

	천의 자리	백의 자리	십의 자리	일의 자리
4953 ➡				
4731 ➡				

4953 ○ 4731

5

	천의 자리	백의 자리	십의 자리	일의 자리
3386 ➡				
3497 ➡				

3386 ○ 3497

6

	천의 자리	백의 자리	십의 자리	일의 자리
5629 ➡				
5701 ➡				

5629 ○ 5701

정답 93쪽

공부한 날짜	맞힌 개수	걸린 시간
월 일	/20	분

두 수의 크기를 비교하여 ○ 안에 >, <를 알맞게 써넣으세요.

7 6953 ○ 6731

8 5953 ○ 5275

9 3701 ○ 3386

10 8731 ○ 8629

11 2275 ○ 2497

12 5164 ○ 5629

13 1842 ○ 1042

14 2031 ○ 2497

15 9497 ○ 9270

16 4731 ○ 4497

17 1953 ○ 1802

18 4953 ○ 4518

19 1953 ○ 1508

20 3842 ○ 3164

01 2의 단 곱셈구구 A

○ 2의 단 곱셈구구

×	1	2	3	4	5	6	7	8	9
2	2	4	6	8	10	12	14	16	18

+2 +2 +2 +2 +2 +2 +2 +2

원리 비법 곱하는 수가 1씩 커지면 곱은 **2씩** 커져!

빈칸에 알맞은 수를 써넣으세요.

❶

×	3	4	5	6	7
2					

❷

×	1	2	3	4	5
2					

❸

×	2	3	4	5	6
2					

❹

×	5	6	7	8	9
2					

❺

×	2	3	4	5	6
2					

❻

×	4	5	6	7	8
2					

❼

×	1	2	3	4	5
2					

❽

×	3	4	5	6	7
2					

정답 94쪽

공부한 날짜	맞힌 개수	걸린 시간
월 일	/22	분

□ 안에 알맞은 수를 써넣으세요.

⑨ $2+2+2+2$

$=2\times\square=\square$

⑩ $2+2$

$=2\times\square=\square$

⑪ $2+2+2+2+2+2+2$

$=2\times\square=\square$

⑫ $2+2+2$

$=2\times\square=\square$

⑬ $2+2+2+2+2+2$

$=2\times\square=\square$

⑭ $2+2+2+2$

$=2\times\square=\square$

⑮ $2+2+2+2+2+2+2+2+2$

$=2\times\square=\square$

⑯ 2

$=2\times\square=\square$

⑰ $2+2$

$=2\times\square=\square$

⑱ $2+2+2+2+2+2+2+2+2$

$=2\times\square=\square$

⑲ $2+2+2+2+2$

$=2\times\square=\square$

⑳ $2+2+2+2+2+2+2+2$

$=2\times\square=\square$

㉑ $2+2+2+2+2$

$=2\times\square=\square$

㉒ $2+2+2+2+2+2+2$

$=2\times\square=\square$

02 2의 단 곱셈구구

B

2의 단 곱셈구구

2×1	2×2	2×3	2×4	2×5	2×6	2×7	2×8	2×9
2×0+2	2×1+2	2×2+2	2×3+2	2×4+2	2×5+2	2×6+2	2×7+2	2×8+2
2	4	6	8	10	12	14	16	18

원리 비법 2의 단 곱셈구구는 **2씩** 커져!

☐ 안에 알맞은 수를 써넣으세요.

1. $2\times5=2\times4+\square=\square$
2. $2\times3=2\times2+\square=\square$
3. $2\times7=2\times6+\square=\square$
4. $2\times6=2\times5+\square=\square$
5. $2\times4=2\times3+\square=\square$
6. $2\times4=2\times3+\square=\square$
7. $2\times5=2\times4+\square=\square$
8. $2\times9=2\times8+\square=\square$
9. $2\times3=2\times2+\square=\square$
10. $2\times2=2\times1+\square=\square$

정답 94쪽

공부한 날짜	맞힌 개수	걸린 시간
월 일	/31	분

계산을 하세요.

⑪ $2 \times 6 = \square$

⑫ $2 \times 1 = \square$

⑬ $2 \times 3 = \square$

⑭ $2 \times 2 = \square$

⑮ $2 \times 6 = \square$

⑯ $2 \times 7 = \square$

⑰ $2 \times 4 = \square$

⑱ $2 \times 4 = \square$

⑲ $2 \times 7 = \square$

⑳ $2 \times 9 = \square$

㉑ $2 \times 5 = \square$

㉒ $2 \times 2 = \square$

㉓ $2 \times 5 = \square$

㉔ $2 \times 8 = \square$

㉕ $2 \times 6 = \square$

㉖ $2 \times 5 = \square$

㉗ $2 \times 8 = \square$

㉘ $2 \times 1 = \square$

㉙ $2 \times 3 = \square$

㉚ $2 \times 3 = \square$

㉛ $2 \times 1 = \square$

03 3의 단 곱셈구구 A

3의 단 곱셈구구

×	1	2	3	4	5	6	7	8	9
3	3	6	9	12	15	18	21	24	27

+3 +3 +3 +3 +3 +3 +3 +3

원리 비법 곱하는 수가 1씩 커지면 곱은 **3씩** 커져!

빈칸에 알맞은 수를 써넣으세요.

❶

×	4	5	6	7	8
3					

❷

×	5	6	7	8	9
3					

❸

×	4	5	6	7	8
3					

❹

×	1	2	3	4	5
3					

❺

×	3	4	5	6	7
3					

❻

×	1	2	3	4	5
3					

❼

×	2	3	4	5	6
3					

❽

×	5	6	7	8	9
3					

정답 94쪽

공부한 날짜	맞힌 개수	걸린 시간
월 일	/22	분

□ 안에 알맞은 수를 써넣으세요.

❾ $3+3+3$
$=3\times\square=\square$

⓰ $3+3+3+3+3+3$
$=3\times\square=\square$

❿ $3+3+3+3+3+3+3+3$
$=3\times\square=\square$

⓱ $3+3+3+3+3+3+3+3+3$
$=3\times\square=\square$

⓫ $3+3+3+3+3+3+3$
$=3\times\square=\square$

⓲ 3
$=3\times\square=\square$

⓬ $3+3+3+3+3+3+3+3$
$=3\times\square=\square$

⓳ $3+3+3+3$
$=3\times\square=\square$

⓭ $3+3+3+3+3$
$=3\times\square=\square$

⓴ $3+3+3$
$=3\times\square=\square$

⓮ $3+3$
$=3\times\square=\square$

㉑ $3+3+3+3+3+3+3+3+3$
$=3\times\square=\square$

⓯ $3+3+3+3+3+3+3$
$=3\times\square=\square$

㉒ $3+3+3+3$
$=3\times\square=\square$

04 3의 단 곱셈구구

B

○ 3의 단 곱셈구구

3×1	3×2	3×3	3×4	3×5	3×6	3×7	3×8	3×9
3×0+3	3×1+3	3×2+3	3×3+3	3×4+3	3×5+3	3×6+3	3×7+3	3×8+3
3	6	9	12	15	18	21	24	27

원리 비법 3의 단 곱셈구구는 **3씩** 커져!

□ 안에 알맞은 수를 써넣으세요.

❶ $3 \times 6 = 3 \times 5 + \square = \square$

❷ $3 \times 8 = 3 \times 7 + \square = \square$

❸ $3 \times 3 = 3 \times 2 + \square = \square$

❹ $3 \times 7 = 3 \times 6 + \square = \square$

❺ $3 \times 5 = 3 \times 4 + \square = \square$

❻ $3 \times 5 = 3 \times 4 + \square = \square$

❼ $3 \times 2 = 3 \times 1 + \square = \square$

❽ $3 \times 9 = 3 \times 8 + \square = \square$

❾ $3 \times 4 = 3 \times 3 + \square = \square$

❿ $3 \times 2 = 3 \times 1 + \square = \square$

정답 94쪽

공부한 날짜	맞힌 개수	걸린 시간
월 일	/31	분

계산을 하세요.

⑪ 3 × 4 = ☐

⑱ 3 × 7 = ☐

㉕ 3 × 2 = ☐

⑫ 3 × 6 = ☐

⑲ 3 × 1 = ☐

㉖ 3 × 5 = ☐

⑬ 3 × 3 = ☐

⑳ 3 × 5 = ☐

㉗ 3 × 4 = ☐

⑭ 3 × 2 = ☐

㉑ 3 × 3 = ☐

㉘ 3 × 5 = ☐

⑮ 3 × 8 = ☐

㉒ 3 × 1 = ☐

㉙ 3 × 9 = ☐

⑯ 3 × 6 = ☐

㉓ 3 × 6 = ☐

㉚ 3 × 7 = ☐

⑰ 3 × 9 = ☐

㉔ 3 × 2 = ☐

㉛ 3 × 8 = ☐

05 4의 단 곱셈구구 A

4의 단 곱셈구구

×	1	2	3	4	5	6	7	8	9
4	4	8	12	16	20	24	28	32	36

+4 +4 +4 +4 +4 +4 +4 +4

원리 비법 곱하는 수가 1씩 커지면 곱은 **4씩** 커져!

빈칸에 알맞은 수를 써넣으세요.

❶

×	2	3	4	5	6
4					

❷

×	5	6	7	8	9
4					

❸

×	4	5	6	7	8
4					

❹

×	3	4	5	6	7
4					

❺

×	3	4	5	6	7
4					

❻

×	1	2	3	4	5
4					

❼

×	2	3	4	5	6
4					

❽

×	4	5	6	7	8
4					

정답 95쪽

공부한 날짜	맞힌 개수	걸린 시간
월 일	/22	분

□ 안에 알맞은 수를 써넣으세요.

9. $4+4$
$=4\times\square=\square$

10. $4+4+4+4+4+4+4+4+4$
$=4\times\square=\square$

11. $4+4+4+4+4$
$=4\times\square=\square$

12. $4+4$
$=4\times\square=\square$

13. $4+4+4+4+4+4+4$
$=4\times\square=\square$

14. $4+4+4+4$
$=4\times\square=\square$

15. $4+4+4+4+4$
$=4\times\square=\square$

16. $4+4+4+4+4+4+4+4$
$=4\times\square=\square$

17. $4+4+4$
$=4\times\square=\square$

18. $4+4+4+4$
$=4\times\square=\square$

19. 4
$=4\times\square=\square$

20. $4+4+4+4+4+4$
$=4\times\square=\square$

21. $4+4+4$
$=4\times\square=\square$

22. $4+4+4+4+4+4$
$=4\times\square=\square$

06 4의 단 곱셈구구

B

4의 단 곱셈구구

4×1	4×2	4×3	4×4	4×5	4×6	4×7	4×8	4×9
4×0+4	4×1+4	4×2+4	4×3+4	4×4+4	4×5+4	4×6+4	4×7+4	4×8+4
4	8	12	16	20	24	28	32	36

원리 비법 4의 단 곱셈구구는 **4씩** 커져!

□ 안에 알맞은 수를 써넣으세요.

❶ $4 \times 2 = 4 \times 1 + \square = \square$

❷ $4 \times 9 = 4 \times 8 + \square = \square$

❸ $4 \times 7 = 4 \times 6 + \square = \square$

❹ $4 \times 4 = 4 \times 3 + \square = \square$

❺ $4 \times 3 = 4 \times 2 + \square = \square$

❻ $4 \times 6 = 4 \times 5 + \square = \square$

❼ $4 \times 5 = 4 \times 4 + \square = \square$

❽ $4 \times 8 = 4 \times 7 + \square = \square$

❾ $4 \times 3 = 4 \times 2 + \square = \square$

❿ $4 \times 5 = 4 \times 4 + \square = \square$

정답 95쪽

공부한 날짜	맞힌 개수	걸린 시간
월 일	/31	분

계산을 하세요.

⑪ 4 × 4 = ☐

⑫ 4 × 3 = ☐

⑬ 4 × 5 = ☐

⑭ 4 × 2 = ☐

⑮ 4 × 6 = ☐

⑯ 4 × 2 = ☐

⑰ 4 × 7 = ☐

⑱ 4 × 1 = ☐

⑲ 4 × 8 = ☐

⑳ 4 × 7 = ☐

㉑ 4 × 1 = ☐

㉒ 4 × 2 = ☐

㉓ 4 × 3 = ☐

㉔ 4 × 8 = ☐

㉕ 4 × 1 = ☐

㉖ 4 × 9 = ☐

㉗ 4 × 5 = ☐

㉘ 4 × 6 = ☐

㉙ 4 × 2 = ☐

㉚ 4 × 4 = ☐

㉛ 4 × 3 = ☐

07 5의 단 곱셈구구 A

5의 단 곱셈구구

×	1	2	3	4	5	6	7	8	9
5	5	10	15	20	25	30	35	40	45

+5 +5 +5 +5 +5 +5 +5 +5

원리 비법 곱하는 수가 1씩 커지면 곱은 **5씩** 커져!

빈칸에 알맞은 수를 써넣으세요.

❶

×	1	2	3	4	5
5					

❷

×	2	3	4	5	6
5					

❸

×	5	6	7	8	9
5					

❹

×	3	4	5	6	7
5					

❺

×	4	5	6	7	8
5					

❻

×	3	4	5	6	7
5					

❼

×	2	3	4	5	6
5					

❽

×	4	5	6	7	8
5					

정답 95쪽

공부한 날짜	맞힌 개수	걸린 시간
월 일	/22	분

□ 안에 알맞은 수를 써넣으세요.

9 5+5
=5 × □=□

10 5+5+5+5+5+5+5+5
=5 × □=□

11 5+5+5
=5 × □=□

12 5+5
=5 × □=□

13 5+5+5+5+5+5
=5 × □=□

14 5+5+5+5+5+5+5
=5 × □=□

15 5
=5 × □=□

16 5+5+5+5
=5 × □=□

17 5+5+5+5+5
=5 × □=□

18 5+5+5
=5 × □=□

19 5
=5 × □=□

20 5+5+5+5+5+5+5+5+5
=5 × □=□

21 5+5+5+5
=5 × □=□

22 5+5+5+5+5+5
=5 × □=□

08 5의 단 곱셈구구

B

5의 단 곱셈구구

5×1	5×2	5×3	5×4	5×5	5×6	5×7	5×8	5×9
5×0+5	5×1+5	5×2+5	5×3+5	5×4+5	5×5+5	5×6+5	5×7+5	5×8+5
5	10	15	20	25	30	35	40	45

원리 비법 5의 단 곱셈구구는 **5씩** 커져!

□ 안에 알맞은 수를 써넣으세요.

❶ $5 \times 2 = 5 \times 1 + \square = \square$

❷ $5 \times 9 = 5 \times 8 + \square = \square$

❸ $5 \times 6 = 5 \times 5 + \square = \square$

❹ $5 \times 5 = 5 \times 4 + \square = \square$

❺ $5 \times 9 = 5 \times 8 + \square = \square$

❻ $5 \times 4 = 5 \times 3 + \square = \square$

❼ $5 \times 7 = 5 \times 6 + \square = \square$

❽ $5 \times 8 = 5 \times 7 + \square = \square$

❾ $5 \times 3 = 5 \times 2 + \square = \square$

❿ $5 \times 7 = 5 \times 6 + \square = \square$

정답 95쪽

공부한 날짜	맞힌 개수	걸린 시간
월 일	/31	분

계산을 하세요.

⑪ $5 \times 2 =$ ☐

⑫ $5 \times 6 =$ ☐

⑬ $5 \times 4 =$ ☐

⑭ $5 \times 8 =$ ☐

⑮ $5 \times 1 =$ ☐

⑯ $5 \times 8 =$ ☐

⑰ $5 \times 5 =$ ☐

⑱ $5 \times 4 =$ ☐

⑲ $5 \times 3 =$ ☐

⑳ $5 \times 1 =$ ☐

㉑ $5 \times 6 =$ ☐

㉒ $5 \times 5 =$ ☐

㉓ $5 \times 7 =$ ☐

㉔ $5 \times 5 =$ ☐

㉕ $5 \times 6 =$ ☐

㉖ $5 \times 9 =$ ☐

㉗ $5 \times 2 =$ ☐

㉘ $5 \times 7 =$ ☐

㉙ $5 \times 9 =$ ☐

㉚ $5 \times 4 =$ ☐

㉛ $5 \times 3 =$ ☐

09 6의 단 곱셈구구 A

○ 6의 단 곱셈구구

×	1	2	3	4	5	6	7	8	9
6	6	12	18	24	30	36	42	48	54

+6 +6 +6 +6 +6 +6 +6 +6

원리 비법 곱하는 수가 1씩 커지면 곱은 **6씩** 커져!

빈칸에 알맞은 수를 써넣으세요.

❶

×	1	2	3	4	5
6					

❷

×	5	6	7	8	9
6					

❸

×	1	2	3	4	5
6					

❹

×	3	4	5	6	7
6					

❺

×	4	5	6	7	8
6					

❻

×	2	3	4	5	6
6					

❼

×	3	4	5	6	7
6					

❽

×	2	3	4	5	6
6					

정답 96쪽

공부한 날짜	맞힌 개수	걸린 시간
월 일	/22	분

□ 안에 알맞은 수를 써넣으세요.

⑨ 6
$=6\times\square=\square$

⑩ $6+6+6+6+6+6+6+6+6$
$=6\times\square=\square$

⑪ $6+6+6+6+6+6+6+6$
$=6\times\square=\square$

⑫ $6+6+6$
$=6\times\square=\square$

⑬ $6+6+6+6$
$=6\times\square=\square$

⑭ $6+6+6+6+6+6$
$=6\times\square=\square$

⑮ $6+6+6+6$
$=6\times\square=\square$

⑯ $6+6+6+6+6$
$=6\times\square=\square$

⑰ $6+6+6+6+6+6+6$
$=6\times\square=\square$

⑱ $6+6$
$=6\times\square=\square$

⑲ $6+6+6+6+6+6+6$
$=6\times\square=\square$

⑳ $6+6+6+6+6+6$
$=6\times\square=\square$

㉑ $6+6$
$=6\times\square=\square$

㉒ $6+6+6+6+6$
$=6\times\square=\square$

10 6의 단 곱셈구구 B

6의 단 곱셈구구

6×1	6×2	6×3	6×4	6×5	6×6	6×7	6×8	6×9
6×0+6	6×1+6	6×2+6	6×3+6	6×4+6	6×5+6	6×6+6	6×7+6	6×8+6
6	12	18	24	30	36	42	48	54

원리 비법 6의 단 곱셈구구는 **6씩** 커져!

□ 안에 알맞은 수를 써넣으세요.

❶ 6×9=6×8+□=□

❷ 6×4=6×3+□=□

❸ 6×6=6×5+□=□

❹ 6×8=6×7+□=□

❺ 6×5=6×4+□=□

❻ 6×3=6×2+□=□

❼ 6×7=6×6+□=□

❽ 6×3=6×2+□=□

❾ 6×2=6×1+□=□

❿ 6×8=6×7+□=□

정답 96쪽

공부한 날짜	맞힌 개수	걸린 시간
월 일	/31	분

계산을 하세요.

⑪ $6 \times 9 = \square$

⑱ $6 \times 3 = \square$

㉕ $6 \times 4 = \square$

⑫ $6 \times 8 = \square$

⑲ $6 \times 6 = \square$

㉖ $6 \times 7 = \square$

⑬ $6 \times 4 = \square$

⑳ $6 \times 6 = \square$

㉗ $6 \times 8 = \square$

⑭ $6 \times 7 = \square$

㉑ $6 \times 8 = \square$

㉘ $6 \times 5 = \square$

⑮ $6 \times 3 = \square$

㉒ $6 \times 2 = \square$

㉙ $6 \times 9 = \square$

⑯ $6 \times 7 = \square$

㉓ $6 \times 4 = \square$

㉚ $6 \times 1 = \square$

⑰ $6 \times 5 = \square$

㉔ $6 \times 2 = \square$

㉛ $6 \times 6 = \square$

11 7의 단 곱셈구구 A

7의 단 곱셈구구

×	1	2	3	4	5	6	7	8	9
7	7	14	21	28	35	42	49	56	63

+7 +7 +7 +7 +7 +7 +7 +7

원리 비법 곱하는 수가 1씩 커지면 곱은 **7씩** 커져!

빈칸에 알맞은 수를 써넣으세요.

1

×	5	6	7	8	9
7					

2

×	4	5	6	7	8
7					

3

×	5	6	7	8	9
7					

4

×	1	2	3	4	5
7					

5

×	3	4	5	6	7
7					

6

×	2	3	4	5	6
7					

7

×	1	2	3	4	5
7					

8

×	3	4	5	6	7
7					

정답 96쪽

공부한 날짜	맞힌 개수	걸린 시간
월 일	/22	분

□ 안에 알맞은 수를 써넣으세요.

9. $7+7+7+7+7+7$
$=7\times\square=\square$

10. 7
$=7\times\square=\square$

11. $7+7+7+7+7+7+7$
$=7\times\square=\square$

12. $7+7+7+7$
$=7\times\square=\square$

13. $7+7+7+7+7+7+7+7$
$=7\times\square=\square$

14. $7+7+7+7+7+7+7+7+7$
$=7\times\square=\square$

15. $7+7+7+7+7+7$
$=7\times\square=\square$

16. $7+7+7$
$=7\times\square=\square$

17. $7+7+7+7$
$=7\times\square=\square$

18. $7+7+7+7+7$
$=7\times\square=\square$

19. $7+7+7$
$=7\times\square=\square$

20. $7+7+7+7+7+7+7$
$=7\times\square=\square$

21. $7+7+7+7+7$
$=7\times\square=\square$

22. $7+7$
$=7\times\square=\square$

12 7의 단 곱셈구구 B

7의 단 곱셈구구

7×1	7×2	7×3	7×4	7×5	7×6	7×7	7×8	7×9
7×0+7	7×1+7	7×2+7	7×3+7	7×4+7	7×5+7	7×6+7	7×7+7	7×8+7
7	14	21	28	35	42	49	56	63

원리 비법 7의 단 곱셈구구는 **7씩** 커져!

□ 안에 알맞은 수를 써넣으세요.

❶ $7 \times 8 = 7 \times 7 + \square = \square$

❻ $7 \times 4 = 7 \times 3 + \square = \square$

❷ $7 \times 6 = 7 \times 5 + \square = \square$

❼ $7 \times 3 = 7 \times 2 + \square = \square$

❸ $7 \times 9 = 7 \times 8 + \square = \square$

❽ $7 \times 2 = 7 \times 1 + \square = \square$

❹ $7 \times 5 = 7 \times 4 + \square = \square$

❾ $7 \times 7 = 7 \times 6 + \square = \square$

❺ $7 \times 6 = 7 \times 5 + \square = \square$

❿ $7 \times 9 = 7 \times 8 + \square = \square$

정답 96쪽

공부한 날짜	맞힌 개수	걸린 시간
월 일	/31	분

계산을 하세요.

⑪ $7 \times 8 =$ □

⑫ $7 \times 3 =$ □

⑬ $7 \times 5 =$ □

⑭ $7 \times 7 =$ □

⑮ $7 \times 1 =$ □

⑯ $7 \times 7 =$ □

⑰ $7 \times 6 =$ □

⑱ $7 \times 9 =$ □

⑲ $7 \times 7 =$ □

⑳ $7 \times 9 =$ □

㉑ $7 \times 8 =$ □

㉒ $7 \times 6 =$ □

㉓ $7 \times 5 =$ □

㉔ $7 \times 8 =$ □

㉕ $7 \times 6 =$ □

㉖ $7 \times 4 =$ □

㉗ $7 \times 3 =$ □

㉘ $7 \times 4 =$ □

㉙ $7 \times 5 =$ □

㉚ $7 \times 3 =$ □

㉛ $7 \times 2 =$ □

13 8의 단 곱셈구구 A

8의 단 곱셈구구

×	1	2	3	4	5	6	7	8	9
8	8	16	24	32	40	48	56	64	72

+8 +8 +8 +8 +8 +8 +8 +8

원리 비법 곱하는 수가 1씩 커지면 곱은 **8씩** 커져!

빈칸에 알맞은 수를 써넣으세요.

❶

×	5	6	7	8	9
8					

❷

×	2	3	4	5	6
8					

❸

×	4	5	6	7	8
8					

❹

×	2	3	4	5	6
8					

❺

×	3	4	5	6	7
8					

❻

×	5	6	7	8	9
8					

❼

×	1	2	3	4	5
8					

❽

×	4	5	6	7	8
8					

정답 97쪽

공부한 날짜	맞힌 개수	걸린 시간
월 일	/22	분

□ 안에 알맞은 수를 써넣으세요.

❾ $8+8+8+8+8+8+8$
$=8\times\square=\square$

❿ $8+8+8$
$=8\times\square=\square$

⓫ $8+8+8+8+8+8+8+8$
$=8\times\square=\square$

⓬ $8+8+8+8+8$
$=8\times\square=\square$

⓭ $8+8+8+8$
$=8\times\square=\square$

⓮ $8+8+8+8+8+8+8+8$
$=8\times\square=\square$

⓯ 8
$=8\times\square=\square$

⓰ $8+8+8+8+8+8+8$
$=8\times\square=\square$

⓱ $8+8+8+8+8$
$=8\times\square=\square$

⓲ $8+8+8+8+8+8+8+8+8$
$=8\times\square=\square$

⓳ $8+8$
$=8\times\square=\square$

⓴ $8+8+8+8+8+8$
$=8\times\square=\square$

㉑ $8+8+8+8+8+8+8+8+8$
$=8\times\square=\square$

㉒ $8+8+8+8$
$=8\times\square=\square$

14 8의 단 곱셈구구 B

8의 단 곱셈구구

8×1	8×2	8×3	8×4	8×5	8×6	8×7	8×8	8×9
8×0+8	8×1+8	8×2+8	8×3+8	8×4+8	8×5+8	8×6+8	8×7+8	8×8+8
8	16	24	32	40	48	56	64	72

원리 비법 8의 단 곱셈구구는 **8씩** 커져!

□ 안에 알맞은 수를 써넣으세요.

❶ 8 × 9 = 8 × 8 + □ = □

❷ 8 × 3 = 8 × 2 + □ = □

❸ 8 × 6 = 8 × 5 + □ = □

❹ 8 × 2 = 8 × 1 + □ = □

❺ 8 × 7 = 8 × 6 + □ = □

❻ 8 × 5 = 8 × 4 + □ = □

❼ 8 × 7 = 8 × 6 + □ = □

❽ 8 × 4 = 8 × 3 + □ = □

❾ 8 × 8 = 8 × 7 + □ = □

❿ 8 × 9 = 8 × 8 + □ = □

정답 97쪽

공부한 날짜	맞힌 개수	걸린 시간
월 일	/31	분

계산을 하세요.

⑪ $8 \times 6 =$ ☐

⑫ $8 \times 9 =$ ☐

⑬ $8 \times 4 =$ ☐

⑭ $8 \times 2 =$ ☐

⑮ $8 \times 1 =$ ☐

⑯ $8 \times 8 =$ ☐

⑰ $8 \times 9 =$ ☐

⑱ $8 \times 3 =$ ☐

⑲ $8 \times 5 =$ ☐

⑳ $8 \times 9 =$ ☐

㉑ $8 \times 7 =$ ☐

㉒ $8 \times 5 =$ ☐

㉓ $8 \times 7 =$ ☐

㉔ $8 \times 2 =$ ☐

㉕ $8 \times 7 =$ ☐

㉖ $8 \times 1 =$ ☐

㉗ $8 \times 8 =$ ☐

㉘ $8 \times 9 =$ ☐

㉙ $8 \times 3 =$ ☐

㉚ $8 \times 8 =$ ☐

㉛ $8 \times 6 =$ ☐

15 9의 단 곱셈구구 A

9의 단 곱셈구구

×	1	2	3	4	5	6	7	8	9
9	9	18	27	36	45	54	63	72	81

+9 +9 +9 +9 +9 +9 +9 +9

원리 비법 곱하는 수가 1씩 커지면 곱은 **9씩** 커져!

빈칸에 알맞은 수를 써넣으세요.

1

×	1	2	3	4	5
9					

2

×	5	6	7	8	9
9					

3

×	2	3	4	5	6
9					

4

×	4	5	6	7	8
9					

5

×	5	6	7	8	9
9					

6

×	1	2	3	4	5
9					

7

×	4	5	6	7	8
9					

8

×	3	4	5	6	7
9					

정답 97쪽

공부한 날짜	맞힌 개수	걸린 시간
월 일	/22	분

□ 안에 알맞은 수를 써넣으세요.

9 9+9+9+9+9+9+9+9+9
=9 × □=□

10 9+9+9+9+9+9
=9 × □=□

11 9+9+9+9+9+9+9+9
=9 × □=□

12 9+9+9+9+9+9+9
=9 × □=□

13 9+9
=9 × □=□

14 9+9+9+9+9+9
=9 × □=□

15 9+9+9+9+9+9+9+9
=9 × □=□

16 9+9+9+9+9
=9 × □=□

17 9+9+9+9
=9 × □=□

18 9
=9 × □=□

19 9+9+9+9+9
=9 × □=□

20 9+9+9
=9 × □=□

21 9+9+9
=9 × □=□

22 9+9+9+9+9+9+9
=9 × □=□

16 9의 단 곱셈구구 B

9의 단 곱셈구구

9×1	9×2	9×3	9×4	9×5	9×6	9×7	9×8	9×9
9×0+9	9×1+9	9×2+9	9×3+9	9×4+9	9×5+9	9×6+9	9×7+9	9×8+9
9	18	27	36	45	54	63	72	81

원리 비법 9의 단 곱셈구구는 **9씩** 커져!

☐ 안에 알맞은 수를 써넣으세요.

❶ $9 \times 7 = 9 \times 6 + \square = \square$

❷ $9 \times 6 = 9 \times 5 + \square = \square$

❸ $9 \times 5 = 9 \times 4 + \square = \square$

❹ $9 \times 8 = 9 \times 7 + \square = \square$

❺ $9 \times 7 = 9 \times 6 + \square = \square$

❻ $9 \times 4 = 9 \times 3 + \square = \square$

❼ $9 \times 3 = 9 \times 2 + \square = \square$

❽ $9 \times 9 = 9 \times 8 + \square = \square$

❾ $9 \times 2 = 9 \times 1 + \square = \square$

❿ $9 \times 8 = 9 \times 7 + \square = \square$

정답 97쪽

공부한 날짜	맞힌 개수	걸린 시간
월 일	/31	분

계산을 하세요.

⑪ 9 × 4 = ☐

⑱ 9 × 7 = ☐

㉕ 9 × 6 = ☐

⑫ 9 × 8 = ☐

⑲ 9 × 5 = ☐

㉖ 9 × 2 = ☐

⑬ 9 × 3 = ☐

⑳ 9 × 1 = ☐

㉗ 9 × 8 = ☐

⑭ 9 × 7 = ☐

㉑ 9 × 5 = ☐

㉘ 9 × 9 = ☐

⑮ 9 × 9 = ☐

㉒ 9 × 6 = ☐

㉙ 9 × 3 = ☐

⑯ 9 × 2 = ☐

㉓ 9 × 4 = ☐

㉚ 9 × 1 = ☐

⑰ 9 × 3 = ☐

㉔ 9 × 7 = ☐

㉛ 9 × 5 = ☐

17 1의 단 곱셈구구 / 0과 어떤 수의 곱 A

1의 단 곱셈구구

×	1	2	3	4	5	6	7	8	9
1	1	2	3	4	5	6	7	8	9

+1 +1 +1 +1 +1 +1 +1 +1

0의 곱

0과 어떤 수의 곱은 항상 0입니다.

원리 비법 1×(어떤 수)=**(어떤 수)**, 0×(어떤 수)=**0**

빈칸에 알맞은 수를 써넣으세요.

❶

×	4	5	6	7	8
1					

❷

×	2	3	4	5	6
1					

❸

×	3	4	5	6	7
1					

❹

×	1	2	3	4	5
1					

❺

×	5	6	7	8	9
0					

❻

×	3	4	5	6	7
0					

❼

×	4	5	6	7	8
0					

❽

×	2	3	4	5	6
0					

정답 98쪽

공부한 날짜	맞힌 개수	걸린 시간
월 일	/22	분

□ 안에 알맞은 수를 써넣으세요.

⑨ $1+1+1+1+1+1+1+1$
$=1\times\square=\square$

⑩ $1+1+1+1+1+1$
$=1\times\square=\square$

⑪ $1+1+1+1$
$=1\times\square=\square$

⑫ $1+1+1+1+1+1+1$
$=1\times\square=\square$

⑬ $1+1+1$
$=1\times\square=\square$

⑭ $1+1+1+1+1$
$=1\times\square=\square$

⑮ $1+1$
$=1\times\square=\square$

⑯ $0+0+0$
$=0\times\square=\square$

⑰ $0+0+0+0+0$
$=0\times\square=\square$

⑱ $0+0+0+0+0+0$
$=0\times\square=\square$

⑲ $0+0$
$=0\times\square=\square$

⑳ $0+0+0+0+0+0+0$
$=0\times\square=\square$

㉑ $0+0+0+0$
$=0\times\square=\square$

㉒ $0+0+0+0+0+0+0+0$
$=0\times\square=\square$

18 1의 단 곱셈구구 / 0과 어떤 수의 곱 B

1의 단 곱셈구구

1 × (어떤 수) = (어떤 수)

(어떤 수) × 1 = (어떤 수)

0의 곱

0 × (어떤 수) = 0

(어떤 수) × 0 = 0

원리 비법 곱하는 두 수의 **순서를 바꾸어도** 곱은 같아!

□ 안에 알맞은 수를 써넣으세요.

❶ 1 × 4 = □

4 × □ = □

❷ 1 × 3 = □

3 × □ = □

❸ 1 × 9 = □

9 × □ = □

❹ 1 × 7 = □

7 × □ = □

❺ 0 × 6 = □

6 × □ = □

❻ 0 × 8 = □

8 × □ = □

❼ 0 × 4 = □

4 × □ = □

❽ 0 × 5 = □

5 × □ = □

정답 98쪽

공부한 날짜	맞힌 개수	걸린 시간
월 일	/29	분

계산을 하세요.

⑨ $1 \times 6 =$ □

⑩ $1 \times 8 =$ □

⑪ $1 \times 1 =$ □

⑫ $1 \times 7 =$ □

⑬ $1 \times 3 =$ □

⑭ $1 \times 9 =$ □

⑮ $1 \times 2 =$ □

⑯ $1 \times 7 =$ □

⑰ $1 \times 3 =$ □

⑱ $1 \times 5 =$ □

⑲ $1 \times 4 =$ □

⑳ $0 \times 9 =$ □

㉑ $0 \times 8 =$ □

㉒ $0 \times 5 =$ □

㉓ $0 \times 4 =$ □

㉔ $0 \times 2 =$ □

㉕ $0 \times 1 =$ □

㉖ $0 \times 3 =$ □

㉗ $0 \times 7 =$ □

㉘ $0 \times 6 =$ □

㉙ $0 \times 9 =$ □

01 길이의 합 A

1 m 30 cm + 2 m 20 cm의 계산

	1 m	30 cm
+	2 m	20 cm
		50 cm

➡

	1 m	30 cm
+	2 m	20 cm
	3 m	50 cm

① 30 cm와 20 cm를 더합니다.
② 1 m와 2 m를 더합니다.

원리 비법 m는 m끼리, cm는 cm끼리 더해!

덧셈을 하세요.

❶

	1 m	10 cm
+	4 m	50 cm

❷

	2 m	10 cm
+	6 m	40 cm

❸

	2 m	10 cm
+	2 m	20 cm

❹

	1 m	10 cm
+	3 m	80 cm

❺

	4 m	10 cm
+	4 m	50 cm

❻

	1 m	10 cm
+	1 m	30 cm

❼

	3 m	10 cm
+	6 m	80 cm

❽

	3 m	20 cm
+	3 m	60 cm

정답 99쪽

공부한 날짜	맞힌 개수	걸린 시간
월 일	/18	분

덧셈을 하세요.

❾

	1 m	20 cm
+	8 m	60 cm

❿

	2 m	30 cm
+	5 m	60 cm

⓫

	1 m	20 cm
+	5 m	20 cm

⓬

	3 m	20 cm
+	5 m	40 cm

⓭

	2 m	30 cm
+	3 m	50 cm

⓮

	1 m	10 cm
+	2 m	20 cm

⓯

	1 m	10 cm
+	7 m	20 cm

⓰

	3 m	10 cm
+	5 m	50 cm

⓱

	1 m	30 cm
+	1 m	40 cm

⓲

	4 m	10 cm
+	5 m	30 cm

02 길이의 합

B

○ 2 m 40 cm + 3 m 10 cm의 계산

	2 m	40 cm	➡		2 m	40 cm
+	3 m	10 cm		+	3 m	10 cm
		50 cm			5 m	50 cm

① 40 cm와 10 cm를 더합니다.
② 2 m와 3 m를 더합니다.

원리 비법 단위의 계산 방법은 **자연수의 덧셈**과 같아!

덧셈을 하세요.

❶
	1 m	50 cm
+	1 m	10 cm

❷
	4 m	10 cm
+	4 m	20 cm

❸
	4 m	40 cm
+	1 m	40 cm

❹
	3 m	10 cm
+	6 m	20 cm

❺
	3 m	30 cm
+	2 m	10 cm

❻
	5 m	60 cm
+	4 m	10 cm

❼
	3 m	10 cm
+	4 m	70 cm

❽
	3 m	50 cm
+	1 m	30 cm

정답 99쪽

공부한 날짜	맞힌 개수	걸린 시간
월 일	/18	분

덧셈을 하세요.

⑨
	1 m	10 cm
+	2 m	10 cm

⑩
	5 m	70 cm
+	2 m	10 cm

⑪
	4 m	10 cm
+	5 m	50 cm

⑫
	1 m	10 cm
+	5 m	50 cm

⑬
	5 m	40 cm
+	3 m	30 cm

⑭
	2 m	20 cm
+	7 m	20 cm

⑮
	1 m	20 cm
+	1 m	60 cm

⑯
	7 m	70 cm
+	1 m	10 cm

⑰
	4 m	70 cm
+	3 m	20 cm

⑱
	2 m	70 cm
+	2 m	10 cm

03 길이의 합

C

3 m 50 cm + 4 m 20 cm의 계산

①
3 m 50 cm + 4 m 20 cm = 7 m 70 cm
②

① 3 m와 4 m를 더합니다.
② 50 cm와 20 cm를 더합니다.

원리 비법 단위의 계산은 꼭 **같은 단위**끼리만 계산을 해야 해!

덧셈을 하세요.

❶ 1 m 10 cm + 8 m 40 cm

❷ 1 m 70 cm + 3 m 20 cm

❸ 2 m 20 cm + 4 m 60 cm

❹ 1 m 30 cm + 7 m 40 cm

❺ 2 m 30 cm + 1 m 20 cm

❻ 3 m 30 cm + 2 m 20 cm

❼ 2 m 20 cm + 5 m 70 cm

❽ 4 m 50 cm + 3 m 40 cm

❾ 4 m 20 cm + 4 m 30 cm

❿ 2 m 20 cm + 4 m 20 cm

정답 99쪽

공부한 날짜	맞힌 개수	걸린 시간
월 일	/24	분

덧셈을 하세요.

⑪ 2 m 70 cm + 1 m 10 cm

⑫ 1 m 20 cm + 8 m 40 cm

⑬ 1 m 10 cm + 6 m 70 cm

⑭ 2 m 30 cm + 2 m 50 cm

⑮ 3 m 20 cm + 5 m 20 cm

⑯ 1 m 30 cm + 5 m 60 cm

⑰ 3 m 10 cm + 3 m 60 cm

⑱ 2 m 20 cm + 6 m 50 cm

⑲ 1 m 30 cm + 4 m 40 cm

⑳ 2 m 10 cm + 3 m 50 cm

㉑ 1 m 20 cm + 1 m 50 cm

㉒ 1 m 10 cm + 7 m 50 cm

㉓ 3 m 20 cm + 3 m 30 cm

㉔ 1 m 20 cm + 3 m 70 cm

04 길이의 차 A

5 m 60 cm − 1 m 30 cm의 계산

	5 m	60 cm
−	1 m	30 cm
		30 cm

➡

	5 m	60 cm
−	1 m	30 cm
	4 m	30 cm

① 60 cm에서 30 cm를 뺍니다.
② 5 m에서 1 m를 뺍니다.

원리 비법 **m는 m끼리, cm는 cm끼리 빼!**

빨셈을 하세요.

❶

	4 m	80 cm
−	1 m	10 cm

❷

	7 m	30 cm
−	1 m	20 cm

❸

	6 m	60 cm
−	3 m	10 cm

❹

	6 m	30 cm
−	1 m	20 cm

❺

	5 m	60 cm
−	1 m	10 cm

❻

	9 m	70 cm
−	6 m	10 cm

❼

	8 m	70 cm
−	1 m	20 cm

❽

	4 m	40 cm
−	2 m	30 cm

정답 99쪽

공부한 날짜	맞힌 개수	걸린 시간
월 일	/18	분

빨셈을 하세요.

9

	7 m	50 cm
−	2 m	10 cm

14

	3 m	40 cm
−	1 m	30 cm

10

	9 m	50 cm
−	6 m	30 cm

15

	6 m	60 cm
−	2 m	10 cm

11

	5 m	50 cm
−	3 m	20 cm

16

	5 m	30 cm
−	1 m	20 cm

12

	6 m	40 cm
−	1 m	30 cm

17

	4 m	70 cm
−	1 m	20 cm

13

	7 m	70 cm
−	2 m	20 cm

18

	5 m	80 cm
−	2 m	10 cm

05 길이의 차

B

○ 7 m 80 cm − 3 m 50 cm의 계산

	7 m	80 cm	➡		7 m	80 cm
−	3 m	50 cm		−	3 m	50 cm
		30 cm			4 m	30 cm

① 80 cm에서 50 cm를 뺍니다.
② 7 m에서 3 m를 뺍니다.

원리 비법 단위의 계산 방법은 **자연수의 뺄셈**과 같아!

뺄셈을 하세요.

❶
	6 m	50 cm
−	3 m	10 cm

❷
	4 m	80 cm
−	2 m	10 cm

❸
	9 m	30 cm
−	7 m	10 cm

❹
	6 m	60 cm
−	1 m	10 cm

❺
	5 m	40 cm
−	2 m	20 cm

❻
	7 m	50 cm
−	2 m	30 cm

❼
	7 m	90 cm
−	1 m	10 cm

❽
	5 m	60 cm
−	3 m	30 cm

정답 100쪽

공부한 날짜	맞힌 개수	걸린 시간
월 일	/18	분

◆ 뺄셈을 하세요.

⑨
$$\begin{array}{rrr} & 5\,\text{m} & 80\,\text{cm} \\ - & 1\,\text{m} & 10\,\text{cm} \\ \hline \end{array}$$

⑩
$$\begin{array}{rrr} & 8\,\text{m} & 60\,\text{cm} \\ - & 1\,\text{m} & 30\,\text{cm} \\ \hline \end{array}$$

⑪
$$\begin{array}{rrr} & 9\,\text{m} & 60\,\text{cm} \\ - & 6\,\text{m} & 20\,\text{cm} \\ \hline \end{array}$$

⑫
$$\begin{array}{rrr} & 7\,\text{m} & 70\,\text{cm} \\ - & 1\,\text{m} & 20\,\text{cm} \\ \hline \end{array}$$

⑬
$$\begin{array}{rrr} & 4\,\text{m} & 60\,\text{cm} \\ - & 1\,\text{m} & 20\,\text{cm} \\ \hline \end{array}$$

⑭
$$\begin{array}{rrr} & 9\,\text{m} & 50\,\text{cm} \\ - & 7\,\text{m} & 30\,\text{cm} \\ \hline \end{array}$$

⑮
$$\begin{array}{rrr} & 3\,\text{m} & 60\,\text{cm} \\ - & 1\,\text{m} & 20\,\text{cm} \\ \hline \end{array}$$

⑯
$$\begin{array}{rrr} & 6\,\text{m} & 70\,\text{cm} \\ - & 1\,\text{m} & 20\,\text{cm} \\ \hline \end{array}$$

⑰
$$\begin{array}{rrr} & 6\,\text{m} & 40\,\text{cm} \\ - & 2\,\text{m} & 20\,\text{cm} \\ \hline \end{array}$$

⑱
$$\begin{array}{rrr} & 5\,\text{m} & 40\,\text{cm} \\ - & 2\,\text{m} & 30\,\text{cm} \\ \hline \end{array}$$

06 길이의 차 C

8 m 50 cm − 2 m 30 cm의 계산

8 m 50 cm − 2 m 30 cm = 6 m 20 cm

① 8 m에서 2 m를 뺍니다.

② 50 cm에서 30 cm를 뺍니다.

원리 비법 단위의 계산은 꼭 **같은 단위**끼리만 계산을 해야 해!

빨셈을 하세요.

❶ 9 m 80 cm − 7 m 10 cm

❷ 5 m 50 cm − 1 m 20 cm

❸ 6 m 40 cm − 3 m 10 cm

❹ 8 m 50 cm − 6 m 10 cm

❺ 4 m 60 cm − 1 m 10 cm

❻ 7 m 50 cm − 1 m 30 cm

❼ 9 m 20 cm − 6 m 10 cm

❽ 3 m 60 cm − 1 m 30 cm

❾ 9 m 60 cm − 5 m 30 cm

❿ 9 m 30 cm − 5 m 20 cm

정답 100쪽

공부한 날짜	맞힌 개수	걸린 시간
월 일	/24	분

빨셈을 하세요.

⑪ 8 m 60 cm − 5 m 20 cm

⑫ 4 m 40 cm − 2 m 10 cm

⑬ 9 m 20 cm − 5 m 10 cm

⑭ 5 m 50 cm − 1 m 40 cm

⑮ 8 m 60 cm − 5 m 30 cm

⑯ 7 m 50 cm − 2 m 20 cm

⑰ 9 m 70 cm − 6 m 20 cm

⑱ 6 m 50 cm − 3 m 40 cm

⑲ 7 m 60 cm − 2 m 30 cm

⑳ 4 m 50 cm − 1 m 40 cm

㉑ 9 m 60 cm − 7 m 30 cm

㉒ 8 m 50 cm − 1 m 20 cm

㉓ 6 m 20 cm − 2 m 10 cm

㉔ 3 m 30 cm − 1 m 20 cm

01 시각 읽기 A

8시 10분 읽기

① 짧은바늘이 지나온 가장 가까운 숫자 눈금을 알아봅니다.
② 짧은바늘은 8을 지나 긴바늘이 2를 가리키므로 8시 10분을 나타냅니다.

원리 비법 짧은바늘은 **시**, 긴바늘은 **분**을 나타내!

시계를 보고 □ 안에 알맞은 수를 써넣으세요.

1

□시 □분

4

□시 □분

7

□시 □분

2

□시 □분

5

□시 □분

8

□시 □분

3

□시 □분

6

□시 □분

9

□시 □분

정답 101쪽

공부한 날짜	맞힌 개수	걸린 시간
월 일	/21	분

시계를 보고 □ 안에 알맞은 수를 써넣으세요.

10

□ 시 □ 분

11

□ 시 □ 분

12

□ 시 □ 분

13

□ 시 □ 분

14

□ 시 □ 분

15

□ 시 □ 분

16

□ 시 □ 분

17

□ 시 □ 분

18

□ 시 □ 분

19

□ 시 □ 분

20

□ 시 □ 분

21

□ 시 □ 분

02 시각 읽기

B

○ 몇 시 몇 분 전 알아보기

• 2시 50분을 3시 10분 전이라고 합니다.
• 9시 55분을 10시 5분 전이라고 합니다.

긴바늘이 12에서 시계 반대 방향으로 작은 눈금 □칸 간 곳을 가리키면 □분 전입니다.

원리 비법 ■분 후에 ●시가 될 때, **●시 ■분 전**이라고 읽어!

시계를 보고 두 가지 방법으로 읽어 보세요.

❶

□ 시 □ 분
□ 시 □ 분 전

❷

□ 시 □ 분
□ 시 □ 분 전

❸

□ 시 □ 분
□ 시 □ 분 전

❹

□ 시 □ 분
□ 시 □ 분 전

❺

□ 시 □ 분
□ 시 □ 분 전

❻

□ 시 □ 분
□ 시 □ 분 전

❼

□ 시 □ 분
□ 시 □ 분 전

❽

□ 시 □ 분
□ 시 □ 분 전

❾

□ 시 □ 분
□ 시 □ 분 전

정답 101쪽

공부한 날짜	맞힌 개수	걸린 시간
월 일	/21	분

시계를 보고 ☐ 안에 알맞은 수를 써넣으세요.

10

☐ 시 ☐ 분 전

11

☐ 시 ☐ 분 전

12

☐ 시 ☐ 분 전

13

☐ 시 ☐ 분 전

14

☐ 시 ☐ 분 전

15

☐ 시 ☐ 분 전

16

☐ 시 ☐ 분 전

17

☐ 시 ☐ 분 전

18

☐ 시 ☐ 분 전

19

☐ 시 ☐ 분 전

20

☐ 시 ☐ 분 전

21

☐ 시 ☐ 분 전

03 시각과 분 사이의 관계 A

○ **1시간 24분을 분으로 고치기**

1시간 24분 = 1시간 + 24분
= 60분 + 24분
= 84분

➡ 몇 시간 몇 분을 몇 분으로 고칠 수 있습니다.

원리 비법 1시간은 **60분**이야!

◆ □ 안에 알맞은 수를 써넣으세요.

❶ 8시간 40분 = □분

❷ 1시간 14분 = □분

❸ 3시간 3분 = □분

❹ 5시간 30분 = □분

❺ 1시간 30분 = □분

❻ 6시간 50분 = □분

❼ 2시간 = □분

❽ 6시간 10분 = □분

❾ 7시간 50분 = □분

❿ 1시간 28분 = □분

⓫ 2시간 40분 = □분

⓬ 9시간 50분 = □분

정답 101쪽

공부한 날짜	맞힌 개수	걸린 시간
월 일	/28	분

□ 안에 알맞은 수를 써넣으세요.

⑬ 2시간 10분 = □분

⑭ 1시간 38분 = □분

⑮ 3시간 = □분

⑯ 7시간= □분

⑰ 8시간 20분 = □분

⑱ 1시간 17분 = □분

⑲ 1시간 26분 = □분

⑳ 6시간 = □분

㉑ 9시간 = □분

㉒ 1시간 15분 = □분

㉓ 7시간 20분 = □분

㉔ 1시간 23분 = □분

㉕ 1시간 37분 = □분

㉖ 4시간 50분 = □분

㉗ 5시간 10분 = □분

㉘ 4시간 30분 = □분

04 시각과 분 사이의 관계

B

○ 142분을 몇 시간 몇 분으로 고치기

142분 = 60분 + 60분 + 22분
= 1시간 + 1시간 + 22분
= 2시간 + 22분
= 2시간 22분

➡ 60분 또는 60분이 넘는 시간은 몇 시간 몇 분으로 고칠 수 있습니다.

원리 비법 60분은 **1시간**이야!

☐ 안에 알맞은 수를 써넣으세요.

1. 110분 = ☐시간 ☐분
2. 550분 = ☐시간 ☐분
3. 73분 = ☐시간 ☐분
4. 260분 = ☐시간 ☐분
5. 430분 = ☐시간 ☐분
6. 80분 = ☐시간 ☐분
7. 340분 = ☐시간 ☐분
8. 93분 = ☐시간 ☐분
9. 450분 = ☐시간 ☐분
10. 530분 = ☐시간 ☐분
11. 240분 = ☐시간
12. 200분 = ☐시간 ☐분

정답 101쪽

공부한 날짜	맞힌 개수	걸린 시간
월 일	/28	분

□ 안에 알맞은 수를 써넣으세요.

⑬ 350분 = □시간 □분

⑭ 120분 = □시간

⑮ 370분 = □시간 □분

⑯ 94분 = □시간 □분

⑰ 410분 = □시간 □분

⑱ 82분 = □시간 □분

⑲ 210분 = □시간 □분

⑳ 92분 = □시간 □분

㉑ 90분 = □시간 □분

㉒ 330분 = □시간 □분

㉓ 76분 = □시간 □분

㉔ 87분 = □시간 □분

㉕ 470분 = □시간 □분

㉖ 520분 = □시간 □분

㉗ 79분 = □시간 □분

㉘ 88분 = □시간 □분

05 하루의 시간

A

1일 16시간을 시간으로 고치기

1일 16시간=1일+16시간
=24시간+16시간
=40시간

➡ 며칠 몇 시간은 몇 시간으로 고칠 수 있습니다.

원리 비법 1일은 **24시간**이야!

□ 안에 알맞은 수를 써넣으세요.

❶ 2일 7시간 = □시간

❷ 3일 18시간 = □시간

❸ 1일 20시간 = □시간

❹ 1일 2시간 = □시간

❺ 3일 5시간 = □시간

❻ 1일 9시간 = □시간

❼ 1일 16시간 = □시간

❽ 1일 7시간 = □시간

❾ 2일 14시간 = □시간

❿ 2일 5시간 = □시간

⓫ 3일 9시간 = □시간

⓬ 1일 4시간 = □시간

정답 102쪽

공부한 날짜	맞힌 개수	걸린 시간
월 일	/28	분

◆ □ 안에 알맞은 수를 써넣으세요.

⑬ 3일 13시간 = □시간

⑭ 1일 8시간 = □시간

⑮ 3일 2시간 = □시간

⑯ 4일 = □시간

⑰ 2일 6시간 = □시간

⑱ 3일 1시간 = □시간

⑲ 2일 2시간 = □시간

⑳ 2일 17시간 = □시간

㉑ 1일 22시간 = □시간

㉒ 2일 13시간 = □시간

㉓ 1일 18시간 = □시간

㉔ 1일 5시간 = □시간

㉕ 4일 3시간 = □시간

㉖ 3일 16시간 = □시간

㉗ 2일 20시간 = □시간

㉘ 1일 13시간 = □시간

06 하루의 시간

B

35시간을 며칠 몇 시간으로 고치기

35시간=24시간+11시간
=1일+11시간
=1일 11시간

➡ 24시간 또는 24시간이 넘는 시간은 며칠 몇 시간으로 고칠 수 있습니다.

원리 비법 24시간은 **1일**이야!

□ 안에 알맞은 수를 써넣으세요.

❶ 52시간 = □일 □시간

❷ 36시간 = □일 □시간

❸ 71시간 = □일 □시간

❹ 66시간 = □일 □시간

❺ 92시간 = □일 □시간

❻ 67시간 = □일 □시간

❼ 57시간 = □일 □시간

❽ 98시간 = □일 □시간

❾ 82시간 = □일 □시간

❿ 43시간 = □일 □시간

⓫ 38시간 = □일 □시간

⓬ 49시간 = □일 □시간

정답 102쪽

공부한 날짜	맞힌 개수	걸린 시간
월 일	/28	분

□ 안에 알맞은 수를 써넣으세요.

⑬ 62시간 = □일 □시간

⑭ 76시간 = □일 □시간

⑮ 40시간 = □일 □시간

⑯ 55시간 = □일 □시간

⑰ 28시간 = □일 □시간

⑱ 31시간 = □일 □시간

⑲ 74시간 = □일 □시간

⑳ 53시간 = □일 □시간

㉑ 95시간 = □일 □시간

㉒ 33시간 = □일 □시간

㉓ 87시간 = □일 □시간

㉔ 81시간 = □일 □시간

㉕ 90시간 = □일 □시간

㉖ 77시간 = □일 □시간

㉗ 99시간 = □일 □시간

㉘ 32시간 = □일 □시간

07 1주일 알기 A

○ 2주 1일을 며칠로 고치기

2주 1일 = 2주 + 1일
= 7일 + 7일 + 1일
= 15일

몇 주 며칠은 며칠로 고칠 수 있습니다.

원리 비법 1주일은 **7일**이야!

□ 안에 알맞은 수를 써넣으세요.

① 2주 3일 = □일

② 4주 = □일

③ 5주 2일 = □일

④ 8주 = □일

⑤ 6주 = □일

⑥ 1주 1일 = □일

⑦ 3주 1일 = □일

⑧ 4주 5일 = □일

⑨ 1주 3일 = □일

⑩ 4주 2일 = □일

⑪ 6주 4일 = □일

⑫ 3주 = □일

정답 102쪽

공부한 날짜	맞힌 개수	걸린 시간
월 일	/28	분

□ 안에 알맞은 수를 써넣으세요.

⑬ 4주 3일 = □일

㉑ 2주 1일 = □일

⑭ 7주 4일 = □일

㉒ 6주 2일 = □일

⑮ 6주 6일 = □일

㉓ 1주 6일 = □일

⑯ 3주 6일 = □일

㉔ 7주 3일 = □일

⑰ 3주 3일 = □일

㉕ 8주 6일 = □일

⑱ 7주 6일 = □일

㉖ 8주 4일 = □일

⑲ 7주 1일 = □일

㉗ 3주 4일 = □일

⑳ 5주 1일 = □일

㉘ 8주 5일 = □일

08 1주일 알기 B

17일을 몇 주 며칠로 고치기

17일=7일+7일+3일
=1주일+1주일+3일
=2주일+3일
=2주일 3일

7일 또는 7일이 넘는 날은 몇 주 며칠로 고칠 수 있습니다.

원리 비법 7일은 **1주일**이야!

□ 안에 알맞은 수를 써넣으세요.

① 33일 = □주 □일

② 10일 = □주 □일

③ 53일 = □주 □일

④ 42일 = □주

⑤ 13일 = □주 □일

⑥ 62일 = □주 □일

⑦ 56일 = □주

⑧ 30일 = □주 □일

⑨ 21일 = □주

⑩ 17일 = □주 □일

⑪ 25일 = □주 □일

⑫ 50일 = □주 □일

정답 102쪽

공부한 날짜	맞힌 개수	걸린 시간
월 일	/28	분

□ 안에 알맞은 수를 써넣으세요.

⑬ 15일 = □주 □일

⑭ 27일 = □주 □일

⑮ 44일 = □주 □일

⑯ 52일 = □주 □일

⑰ 31일 = □주 □일

⑱ 36일 = □주 □일

⑲ 55일 = □주 □일

⑳ 11일 = □주 □일

㉑ 24일 = □주 □일

㉒ 60일 = □주 □일

㉓ 61일 = □주 □일

㉔ 48일 = □주 □일

㉕ 39일 = □주 □일

㉖ 51일 = □주 □일

㉗ 29일 = □주 □일

㉘ 9일 = □주 □일

09 달력 알기 A

12월 알기

일	월	화	수	목	금	토
			1	2	3	4
5	6	7	8	9	10	11
12	13	14	15	16	17	18
19	20	21	22	23	24	25
26	27	28	29	30	31	

- 12월 25일은 4째주 토요일입니다.
- 12월 5째주 금요일은 31일입니다.

원리 비법 같은 요일은 **7일마다** 반복 돼!

달력을 보고 빈칸에 알맞은 수를 써넣으세요.

1

일	월	화	수	목	금	토
	2	3	4	5	6	7
8		10		12		14
15	16		18	19	20	21
22	23	24		26		28
29	30					

2

일	월	화	수	목	금	토
				1	2	
4	5	6	7	8	9	
11	12		14			17
18		20	21	22	23	24
25		27	28	29	30	31

3

일	월	화	수	목	금	토
		1		3	4	5
	7	8	9	10	11	12
	14	15	16		18	
20	21		23	24	25	26
27	28	29		31		

4

일	월	화	수	목	금	토
					1	2
3	4			7	8	9
10		12		14	15	16
17	18	19			22	23
24	25	26	27			30

정답 103쪽

공부한 날짜	맞힌 개수	걸린 시간
월 일	/10	분

달력을 보고 빈칸에 알맞은 수를 써넣으세요.

5

일	월	화	수	목	금	토
						4
5	6	7	8		10	11
12	13	14	15		17	18
19	20	21	22	23	24	25
26				30		

8

일	월	화	수	목	금	토
	1	2	3	4	5	6
	8	9	10	11	12	13
	15	16	17	18	19	20
					26	27
28	29	30				

6

일	월	화	수	목	금	토
						2
3	4	5	6	7		9
10	11					16
17	18		20	21	22	23
24	25	26	27	28	29	30
31						

9

일	월	화	수	목	금	토
1	2	3			6	7
8	9		11	12	13	14
		17	18	19	20	21
22		24	25	26	27	28
29		31				

7

일	월	화	수	목	금	토
1	2	3	4			7
8	9	10	11			14
15	16	17	18			21
22	23	24	25		27	28

10

일	월	화	수	목	금	토
	1			4	5	6
7			10	11	12	13
		16	17	18	19	20
	22	23	24	25	26	27
28	29		31			

10 달력 알기 B

각 달의 날수 알아보기

월	1	2	3	4	5	6	7	8	9	10	11	12
날수(일)	31	28(29)	31	30	31	30	31	31	30	31	30	31

➡ 2월은 28일과 29일이 규칙적으로 바뀝니다.

원리 비법 1년은 **12개월**이야!

빈칸에 알맞은 수를 써넣으세요.

1

월	1	2	3	4	5	6	7	8	9	10	11	12
날수(일)		28(29)		30	31		31		30	31	30	

2

월	1	2	3	4	5	6	7	8	9	10	11	12
날수(일)	31	28(29)	31			30		31		31	30	

3

월	1	2	3	4	5	6	7	8	9	10	11	12
날수(일)	31	28(29)				30		31	30	31		31

4

월	1	2	3	4	5	6	7	8	9	10	11	12
날수(일)		28(29)	31	30	31		31	31			30	31

5

월	1	2	3	4	5	6	7	8	9	10	11	12
날수(일)		28(29)	31			30		31	30	31	30	31

정답 103쪽

공부한 날짜	맞힌 개수	걸린 시간
월 일	/21	분

□ 안에 알맞은 수를 써넣으세요.

6. 2년 10개월＝□개월

7. 3년 4개월＝□개월

8. 1년 4개월＝□개월

9. 1년 11개월＝□개월

10. 2년＝□개월

11. 4년 2개월＝□개월

12. 3년 2개월＝□개월

13. 2년 8개월＝□개월

14. 26개월＝□년 □개월

15. 48개월＝□년

16. 37개월＝□년 □개월

17. 22개월＝□년 □개월

18. 45개월＝□년 □개월

19. 21개월＝□년 □개월

20. 30개월＝□년 □개월

21. 42개월＝□년 □개월

쌍둥이

최우수상

참 잘했어요!

이름 ____________________

위 어린이는 쌍둥이 연산 노트 2학년 2학기 과정을

스스로 꾸준히 훌륭하게 마쳤습니다.

이에 칭찬하여 이 상장을 드립니다.

년 월 일

정답

초등 4단계

2·2

예습책

6쪽 01 1000, 몇천 알아보기 A

① 5000
② 이천
③ 9000
④ 삼천
⑤ 8000
⑥ 천
⑦ 칠천
⑧ 6000

7쪽

⑨ 4000
⑩ 6000
⑪ 1000
⑫ 3000
⑬ 5000
⑭ 8000
⑮ 2000
⑯ 7000
⑰ 8000
⑱ 5000
⑲ 9000
⑳ 1000
㉑ 3000
㉒ 6000

8쪽 02 네 자리 수 알아보기 A

① 1148, 천백사십팔
② 4148, 사천백사십팔
③ 9794, 구천칠백구십사
④ 5283, 오천이백팔십삼
⑤ 7148, 칠천백사십팔

9쪽

⑥ 2826
⑦ 8648
⑧ 3515
⑨ 4272
⑩ 7326
⑪ 9, 3, 9, 4
⑫ 6, 2, 6, 1
⑬ 1, 8, 3, 7
⑭ 5, 8, 8, 3
⑮ 8, 1, 2, 6

10쪽 03 각 자리의 숫자 알아보기 A

① 7, 6, 3, 7 / 7, 6, 3, 7
② 9, 5, 8, 3 / 9, 5, 8, 3
③ 3, 4, 5, 9 / 3, 4, 5, 9
④ 6, 1, 4, 8 / 6, 1, 4, 8

11쪽

⑤ 1, 4, 7, 2
⑥ 4, 9, 7, 2
⑦ 9, 9, 7, 2
⑧ 4, 4, 6, 1
⑨ 2, 6, 5, 9
⑩ 2, 2, 5, 9
⑪ 7, 7, 7, 2
⑫ 3, 2, 5, 9
⑬ 5, 6, 4, 8
⑭ 6, 9, 8, 3

12쪽 04 각 자리의 숫자 알아보기 B

① 700, 10
② 2000, 70
③ 5000, 70
④ 20, 6
⑤ 1000, 800
⑥ 3000, 6
⑦ 60, 1
⑧ 100, 5
⑨ 600, 40
⑩ 500, 6

13쪽

⑪ 4261
⑫ 3637
⑬ 1594
⑭ 8715
⑮ 5126
⑯ 2594
⑰ 6126
⑱ 6859
⑲ 2472
⑳ 3115
㉑ 5826
㉒ 1994
㉓ 7126
㉔ 4448

14쪽 05 뛰어 세기 (A)

❶ 3115, 3415, 3615
❷ 9593, 9594, 9598
❸ 1426, 2426, 5426
❹ 6525, 6545, 6565
❺ 4627, 4647, 4687

15쪽

❻ 8347, 8367
❼ 1826, 5826
❽ 6661, 6664
❾ 3464, 3465
❿ 5115, 5515
⓫ 4963, 4965
⓬ 7183, 7483
⓭ 4994, 6994
⓮ 4537, 4737
⓯ 2583, 5583
⓰ 5126, 5526
⓱ 6147, 6167
⓲ 4983, 5983
⓳ 9157, 9177

18쪽 07 두 수의 크기 비교 (A)

❶ 1, 3, 8, 6 / 9, 7, 3, 1 / <
❷ 2, 4, 9, 7 / 6, 9, 5, 3 / <
❸ 9, 2, 7, 5 / 4, 1, 6, 4 / >
❹ 3, 8, 4, 2 / 5, 5, 1, 8 / <
❺ 5, 0, 4, 2 / 4, 2, 7, 5 / >
❻ 3, 3, 8, 6 / 9, 6, 2, 9 / <

19쪽

❼ >
❽ >
❾ <
❿ <
⓫ <
⓬ <
⓭ <
⓮ <
⓯ <
⓰ <
⓱ >
⓲ >
⓳ >
⓴ >

16쪽 06 뛰어 세기 (B)

❶ 5785, 5775, 5735
❷ 7259, 2259, 1259
❸ 8937, 8737, 8537
❹ 4797, 4796, 4794
❺ 2184, 2174, 2124

17쪽

❻ 9776, 9774
❼ 6894, 6694
❽ 5783, 2783
❾ 5586, 5583
❿ 3426, 3326
⓫ 4859, 4759
⓬ 2535, 2525
⓭ 8366, 8326
⓮ 4355, 4345
⓯ 8983, 7983
⓰ 3661, 2661
⓱ 7465, 7462
⓲ 3848, 1848
⓳ 6975, 6972

20쪽 08 두 수의 크기 비교 (B)

❶ 2, 8, 4, 2 / 2, 3, 0, 6 / >
❷ 1, 7, 3, 1 / 1, 0, 3, 1 / >
❸ 5, 9, 5, 3 / 5, 5, 1, 8 / >
❹ 4, 9, 5, 3 / 4, 7, 3, 1 / >
❺ 3, 3, 8, 6 / 3, 4, 9, 7 / <
❻ 5, 6, 2, 9 / 5, 7, 0, 1 / <

21쪽

❼ >
❽ >
❾ >
❿ >
⓫ <
⓬ <
⓭ >
⓮ <
⓯ >
⓰ >
⓱ >
⓲ >
⓳ >
⓴ >

22쪽 01 2의 단 곱셈구구 A

❶ 6, 8, 10, 12, 14
❷ 2, 4, 6, 8, 10
❸ 4, 6, 8, 10, 12
❹ 10, 12, 14, 16, 18
❺ 4, 6, 8, 10, 12
❻ 8, 10, 12, 14, 16
❼ 2, 4, 6, 8, 10
❽ 6, 8, 10, 12, 14

23쪽

❾ 4, 8
❿ 2, 4
⓫ 7, 14
⓬ 3, 6
⓭ 6, 12
⓮ 4, 8
⓯ 9, 18
⓰ 1, 2
⓱ 2, 4
⓲ 9, 18
⓳ 5, 10
⓴ 8, 16
㉑ 5, 10
㉒ 7, 14

26쪽 03 3의 단 곱셈구구 A

❶ 12, 15, 18, 21, 24
❷ 15, 18, 21, 24, 27
❸ 12, 15, 18, 21, 24
❹ 3, 6, 9, 12, 15
❺ 9, 12, 15, 18, 21
❻ 3, 6, 9, 12, 15
❼ 6, 9, 12, 15, 18
❽ 15, 18, 21, 24, 27

27쪽

❾ 3, 9
❿ 8, 24
⓫ 7, 21
⓬ 8, 24
⓭ 5, 15
⓮ 2, 6
⓯ 7, 21
⓰ 6, 18
⓱ 9, 27
⓲ 1, 3
⓳ 4, 12
⓴ 3, 9
㉑ 9, 27
㉒ 4, 12

24쪽 02 2의 단 곱셈구구 B

❶ 2, 10
❷ 2, 6
❸ 2, 14
❹ 2, 12
❺ 2, 8
❻ 2, 8
❼ 2, 10
❽ 2, 18
❾ 2, 6
❿ 2, 4

25쪽

⓫ 12
⓬ 2
⓭ 6
⓮ 4
⓯ 12
⓰ 14
⓱ 8
⓲ 8
⓳ 14
⓴ 18
㉑ 10
㉒ 4
㉓ 10
㉔ 16
㉕ 12
㉖ 10
㉗ 16
㉘ 2
㉙ 6
㉚ 6
㉛ 2

28쪽 04 3의 단 곱셈구구 B

❶ 3, 18
❷ 3, 24
❸ 3, 9
❹ 3, 21
❺ 3, 15
❻ 3, 15
❼ 3, 6
❽ 3, 27
❾ 3, 12
❿ 3, 6

29쪽

⓫ 12
⓬ 18
⓭ 9
⓮ 6
⓯ 24
⓰ 18
⓱ 27
⓲ 21
⓳ 3
⓴ 15
㉑ 9
㉒ 3
㉓ 18
㉔ 6
㉕ 6
㉖ 15
㉗ 12
㉘ 15
㉙ 27
㉚ 21
㉛ 24

30쪽 05 4의 단 곱셈구구 A

❶ 8, 12, 16, 20, 24
❷ 20, 24, 28, 32, 36
❸ 16, 20, 24, 28, 32
❹ 12, 16, 20, 24, 28
❺ 12, 16, 20, 24, 28
❻ 4, 8, 12, 16, 20
❼ 8, 12, 16, 20, 24
❽ 16, 20, 24, 28, 32

31쪽

❾ 2, 8
❿ 9, 36
⓫ 5, 20
⓬ 2, 8
⓭ 7, 28
⓮ 4, 16
⓯ 5, 20
⓰ 8, 32
⓱ 3, 12
⓲ 4, 16
⓳ 1, 4
⓴ 6, 24
㉑ 3, 12
㉒ 6, 24

32쪽 06 4의 단 곱셈구구 B

❶ 4, 8
❷ 4, 36
❸ 4, 28
❹ 4, 16
❺ 4, 12
❻ 4, 24
❼ 4, 20
❽ 4, 32
❾ 4, 12
❿ 4, 20

33쪽

⓫ 16
⓬ 12
⓭ 20
⓮ 8
⓯ 24
⓰ 8
⓱ 28
⓲ 4
⓳ 32
⓴ 28
㉑ 4
㉒ 8
㉓ 12
㉔ 32
㉕ 4
㉖ 36
㉗ 20
㉘ 24
㉙ 8
㉚ 16
㉛ 12

34쪽 07 5의 단 곱셈구구 A

❶ 5, 10, 15, 20, 25
❷ 10, 15, 20, 25, 30
❸ 25, 30, 35, 40, 45
❹ 15, 20, 25, 30, 35
❺ 20, 25, 30, 35, 40
❻ 15, 20, 25, 30, 35
❼ 10, 15, 20, 25, 30
❽ 20, 25, 30, 35, 40

35쪽

❾ 2, 10
❿ 8, 40
⓫ 3, 15
⓬ 2, 10
⓭ 6, 30
⓮ 7, 35
⓯ 1, 5
⓰ 4, 20
⓱ 5, 25
⓲ 3, 15
⓳ 1, 5
⓴ 9, 45
㉑ 4, 20
㉒ 6, 30

36쪽 08 5의 단 곱셈구구 B

❶ 5, 10
❷ 5, 45
❸ 5, 30
❹ 5, 25
❺ 5, 45
❻ 5, 20
❼ 5, 35
❽ 5, 40
❾ 5, 15
❿ 5, 35

37쪽

⓫ 10
⓬ 30
⓭ 20
⓮ 40
⓯ 5
⓰ 40
⓱ 25
⓲ 20
⓳ 15
⓴ 5
㉑ 30
㉒ 25
㉓ 35
㉔ 25
㉕ 30
㉖ 45
㉗ 10
㉘ 35
㉙ 45
㉚ 20
㉛ 15

38쪽 09 6의 단 곱셈구구 A

❶ 6, 12, 18, 24, 30
❷ 30, 36, 42, 48, 54
❸ 6, 12, 18, 24, 30
❹ 18, 24, 30, 36, 42
❺ 24, 30, 36, 42, 48
❻ 12, 18, 24, 30, 36
❼ 18, 24, 30, 36, 42
❽ 12, 18, 24, 30, 36

39쪽

⑨ 1, 6
⑩ 9, 54
⑪ 8, 48
⑫ 3, 18
⑬ 4, 24
⑭ 6, 36
⑮ 4, 24
⑯ 5, 30
⑰ 7, 42
⑱ 2, 12
⑲ 7, 42
⑳ 6, 36
㉑ 2, 12
㉒ 5, 30

42쪽 11 7의 단 곱셈구구 A

❶ 35, 42, 49, 56, 63
❷ 28, 35, 42, 49, 56
❸ 35, 42, 49, 56, 63
❹ 7, 14, 21, 28, 35
❺ 21, 28, 35, 42, 49
❻ 14, 21, 28, 35, 42
❼ 7, 14, 21, 28, 35
❽ 21, 28, 35, 42, 49

43쪽

⑨ 6, 42
⑩ 1, 7
⑪ 7, 49
⑫ 4, 28
⑬ 8, 56
⑭ 9, 63
⑮ 6, 42
⑯ 3, 21
⑰ 4, 28
⑱ 5, 35
⑲ 3, 21
⑳ 7, 49
㉑ 5, 35
㉒ 2, 14

40쪽 10 6의 단 곱셈구구 B

❶ 6, 54
❷ 6, 24
❸ 6, 36
❹ 6, 48
❺ 6, 30
❻ 6, 18
❼ 6, 42
❽ 6, 18
❾ 6, 12
❿ 6, 48

41쪽

⑪ 54
⑫ 48
⑬ 24
⑭ 42
⑮ 18
⑯ 42
⑰ 30
⑱ 18
⑲ 36
⑳ 36
㉑ 48
㉒ 12
㉓ 24
㉔ 12
㉕ 24
㉖ 42
㉗ 48
㉘ 30
㉙ 54
㉚ 6
㉛ 36

44쪽 12 7의 단 곱셈구구 B

❶ 7, 56
❷ 7, 42
❸ 7, 63
❹ 7, 35
❺ 7, 42
❻ 7, 28
❼ 7, 21
❽ 7, 14
❾ 7, 49
❿ 7, 63

45쪽

⑪ 56
⑫ 21
⑬ 35
⑭ 49
⑮ 7
⑯ 49
⑰ 42
⑱ 63
⑲ 49
⑳ 63
㉑ 56
㉒ 42
㉓ 35
㉔ 56
㉕ 42
㉖ 28
㉗ 21
㉘ 28
㉙ 35
㉚ 21
㉛ 14

46쪽 13 8의 단 곱셈구구 (A)

❶ 40, 48, 56, 64, 72
❷ 16, 24, 32, 40, 48
❸ 32, 40, 48, 56, 64
❹ 16, 24, 32, 40, 48
❺ 24, 32, 40, 48, 56
❻ 40, 48, 56, 64, 72
❼ 8, 16, 24, 32, 40
❽ 32, 40, 48, 56, 64

47쪽

❾ 7, 56
❿ 3, 24
⓫ 8, 64
⓬ 5, 40
⓭ 4, 32
⓮ 8, 64
⓯ 1, 8
⓰ 7, 56
⓱ 5, 40
⓲ 9, 72
⓳ 2, 16
⓴ 6, 48
㉑ 9, 72
㉒ 4, 32

50쪽 15 9의 단 곱셈구구 (A)

❶ 9, 18, 27, 36, 45
❷ 45, 54, 63, 72, 81
❸ 18, 27, 36, 45, 54
❹ 36, 45, 54, 63, 72
❺ 45, 54, 63, 72, 81
❻ 9, 18, 27, 36, 45
❼ 36, 45, 54, 63, 72
❽ 27, 36, 45, 54, 63

51쪽

❾ 9, 81
❿ 6, 54
⓫ 8, 72
⓬ 7, 63
⓭ 2, 18
⓮ 6, 54
⓯ 8, 72
⓰ 5, 45
⓱ 4, 36
⓲ 1, 9
⓳ 5, 45
⓴ 3, 27
㉑ 3, 27
㉒ 7, 63

48쪽 14 8의 단 곱셈구구 (B)

❶ 8, 72
❷ 8, 24
❸ 8, 48
❹ 8, 16
❺ 8, 56
❻ 8. 40
❼ 8, 56
❽ 8, 32
❾ 8, 64
❿ 8, 72

49쪽

⓫ 48
⓬ 72
⓭ 32
⓮ 16
⓯ 8
⓰ 64
⓱ 72
⓲ 24
⓳ 40
⓴ 72
㉑ 56
㉒ 40
㉓ 56
㉔ 16
㉕ 56
㉖ 8
㉗ 64
㉘ 72
㉙ 24
㉚ 64
㉛ 48

52쪽 16 9의 단 곱셈구구 (B)

❶ 9, 63
❷ 9, 54
❸ 9, 45
❹ 9, 72
❺ 9, 63
❻ 9, 36
❼ 9, 27
❽ 9, 81
❾ 9, 18
❿ 9, 72

53쪽

⓫ 36
⓬ 72
⓭ 27
⓮ 63
⓯ 81
⓰ 18
⓱ 27
⓲ 63
⓳ 45
⓴ 9
㉑ 45
㉒ 54
㉓ 36
㉔ 63
㉕ 54
㉖ 18
㉗ 72
㉘ 81
㉙ 27
㉚ 9
㉛ 45

17 1의 단 곱셈구구/ 0과 어떤 수의 곱 Ⓐ

54쪽

❶ 4, 5, 6, 7, 8
❷ 2, 3, 4, 5, 6
❸ 3, 4, 5, 6, 7
❹ 1, 2, 3, 4, 5
❺ 0, 0, 0, 0, 0
❻ 0, 0, 0, 0, 0
❼ 0, 0, 0, 0, 0
❽ 0, 0, 0, 0, 0

55쪽

❾ 8, 8
❿ 6, 6
⓫ 4, 4
⓬ 7, 7
⓭ 3, 3
⓮ 5, 5
⓯ 2, 2
⓰ 3, 0
⓱ 5, 0
⓲ 6, 0
⓳ 2, 0
⓴ 7, 0
㉑ 4, 0
㉒ 8, 0

18 1의 단 곱셈구구/ 0과 어떤 수의 곱 Ⓑ

56쪽

❶ 4 / 1, 4
❷ 3 / 1, 3
❸ 9 / 1, 9
❹ 7 / 1, 7
❺ 0 / 0, 0
❻ 0 / 0, 0
❼ 0 / 0, 0
❽ 0 / 0, 0

57쪽

❾ 6
❿ 8
⓫ 1
⓬ 7
⓭ 3
⓮ 9
⓯ 2
⓰ 7
⓱ 3
⓲ 5
⓳ 4
⓴ 0
㉑ 0
㉒ 0
㉓ 0
㉔ 0
㉕ 0
㉖ 0
㉗ 0
㉘ 0
㉙ 0

58쪽 01 길이의 합 A

❶ 5m 60cm
❷ 8m 50cm
❸ 4m 30cm
❹ 4m 90cm
❺ 8m 60cm
❻ 2m 40cm
❼ 9m 90cm
❽ 6m 80cm

59쪽

❾ 9m 80cm
❿ 7m 90cm
⓫ 6m 40cm
⓬ 8m 60cm
⓭ 5m 80cm
⓮ 3m 30cm
⓯ 8m 30cm
⓰ 8m 60cm
⓱ 2m 70cm
⓲ 9m 40cm

60쪽 02 길이의 합 B

❶ 2m 60cm
❷ 8m 30cm
❸ 5m 80cm
❹ 9m 30cm
❺ 5m 40cm
❻ 9m 70cm
❼ 7m 80cm
❽ 4m 80cm

61쪽

❾ 3m 20cm
❿ 7m 80cm
⓫ 9m 60cm
⓬ 6m 60cm
⓭ 8m 70cm
⓮ 9m 40cm
⓯ 2m 80cm
⓰ 8m 80cm
⓱ 7m 90cm
⓲ 4m 80cm

62쪽 03 길이의 합 C

❶ 9m 50cm
❷ 4m 90cm
❸ 6m 80cm
❹ 8m 70cm
❺ 3m 50cm
❻ 5m 50cm
❼ 7m 90cm
❽ 7m 90cm
❾ 8m 50cm
❿ 6m 40cm

63쪽

⓫ 3m 80cm
⓬ 9m 60cm
⓭ 7m 80cm
⓮ 4m 80cm
⓯ 8m 40cm
⓰ 6m 90cm
⓱ 6m 70cm
⓲ 8m 70cm
⓳ 5m 70cm
⓴ 5m 60cm
㉑ 2m 70cm
㉒ 8m 60cm
㉓ 6m 50cm
㉔ 4m 90cm

64쪽 04 길이의 차 A

❶ 3m 70cm
❷ 6m 10cm
❸ 3m 50cm
❹ 5m 10cm
❺ 4m 50cm
❻ 3m 60cm
❼ 7m 50cm
❽ 2m 10cm

65쪽

❾ 5m 40cm
❿ 3m 20cm
⓫ 2m 30cm
⓬ 5m 10cm
⓭ 5m 50cm
⓮ 2m 10cm
⓯ 4m 50cm
⓰ 4m 10cm
⓱ 3m 50cm
⓲ 3m 70cm

66쪽 05 길이의 차 B

❶ 3m 40cm
❷ 2m 70cm
❸ 2m 20cm
❹ 5m 50cm
❺ 3m 20cm
❻ 5m 20cm
❼ 6m 80cm
❽ 2m 30cm

67쪽

❾ 4m 70cm
❿ 7m 30cm
⓫ 3m 40cm
⓬ 6m 50cm
⓭ 3m 40cm
⓮ 2m 20cm
⓯ 2m 40cm
⓰ 5m 50cm
⓱ 4m 20cm
⓲ 3m 10cm

68쪽 06 길이의 차 C

❶ 2m 70cm
❷ 4m 30cm
❸ 3m 30cm
❹ 2m 40cm
❺ 3m 50cm
❻ 6m 20cm
❼ 3m 10cm
❽ 2m 30cm
❾ 4m 30cm
❿ 4m 10cm

69쪽

⓫ 3m 40cm
⓬ 2m 30cm
⓭ 4m 10cm
⓮ 4m 10cm
⓯ 3m 30cm
⓰ 5m 30cm
⓱ 3m 50cm
⓲ 3m 10cm
⓳ 5m 30cm
⓴ 3m 10cm
㉑ 2m 30cm
㉒ 7m 30cm
㉓ 4m 10cm
㉔ 2m 10cm

70쪽 01 시각 읽기 A

① 9, 10
② 1, 20
③ 5, 30
④ 10, 20
⑤ 12, 40
⑥ 2, 20
⑦ 6, 40
⑧ 8, 50
⑨ 11, 40

71쪽

⑩ 4, 50
⑪ 10, 10
⑫ 6, 20
⑬ 2, 30
⑭ 3, 50
⑮ 1, 50
⑯ 7, 20
⑰ 11, 10
⑱ 1, 10
⑲ 9, 20
⑳ 5, 10
㉑ 8, 40

72쪽 02 시각 읽기 B

① 1, 45 / 2, 15
② 11, 50 / 12, 10
③ 6, 45 / 7, 15
④ 12, 55 / 1, 5
⑤ 4, 50 / 5, 10
⑥ 10, 45 / 11, 15
⑦ 5, 40 / 6, 20
⑧ 7, 50 / 8, 10
⑨ 2, 55 / 3, 5

73쪽

⑩ 3, 15
⑪ 4, 5
⑫ 8, 20
⑬ 11, 20
⑭ 10, 5
⑮ 1, 10
⑯ 6, 5
⑰ 11, 10
⑱ 6, 10
⑲ 4, 15
⑳ 2, 20
㉑ 10, 15

74쪽 03 시각과 분 사이의 관계 A

① 520
② 74
③ 183
④ 330
⑤ 90
⑥ 410
⑦ 120
⑧ 370
⑨ 470
⑩ 88
⑪ 160
⑫ 590

75쪽

⑬ 130
⑭ 98
⑮ 180
⑯ 420
⑰ 500
⑱ 77
⑲ 86
⑳ 360
㉑ 540
㉒ 75
㉓ 440
㉔ 83
㉕ 97
㉖ 290
㉗ 310
㉘ 270

76쪽 04 시각과 분 사이의 관계 B

① 1, 50
② 9, 10
③ 1, 13
④ 4, 20
⑤ 7, 10
⑥ 1, 20
⑦ 5, 40
⑧ 1, 33
⑨ 7, 30
⑩ 8, 50
⑪ 4
⑫ 3, 20

77쪽

⑬ 5, 50
⑭ 2
⑮ 6, 10
⑯ 1, 34
⑰ 6, 50
⑱ 1, 22
⑲ 3, 30
⑳ 1, 32
㉑ 1, 30
㉒ 5, 30
㉓ 1, 16
㉔ 1, 27
㉕ 7, 50
㉖ 8, 40
㉗ 1, 19
㉘ 1, 28

78쪽 05 하루의 시간 Ⓐ

❶ 55	❼ 40
❷ 90	❽ 31
❸ 44	❾ 62
❹ 26	❿ 53
❺ 77	⓫ 81
❻ 33	⓬ 28

79쪽

⓭ 85	㉑ 46
⓮ 32	㉒ 61
⓯ 74	㉓ 42
⓰ 96	㉔ 29
⓱ 54	㉕ 99
⓲ 73	㉖ 88
⓳ 50	㉗ 68
⓴ 65	㉘ 37

80쪽 06 하루의 시간 Ⓑ

❶ 2, 4	❼ 2, 9
❷ 1, 12	❽ 4, 2
❸ 2, 23	❾ 3, 10
❹ 2, 18	❿ 1, 19
❺ 3, 20	⓫ 1, 14
❻ 2, 19	⓬ 2, 1

81쪽

⓭ 2, 14	㉑ 3, 23
⓮ 3, 4	㉒ 1, 9
⓯ 1, 16	㉓ 3, 15
⓰ 2, 7	㉔ 3, 9
⓱ 1, 4	㉕ 3, 18
⓲ 1, 7	㉖ 3, 5
⓳ 3, 2	㉗ 4, 3
⓴ 2, 5	㉘ 1, 8

82쪽 07 1주일 알기 Ⓐ

❶ 17	❼ 22
❷ 28	❽ 33
❸ 37	❾ 10
❹ 56	❿ 30
❺ 42	⓫ 46
❻ 8	⓬ 21

83쪽

⓭ 31	㉑ 15
⓮ 53	㉒ 44
⓯ 48	㉓ 13
⓰ 27	㉔ 52
⓱ 24	㉕ 62
⓲ 55	㉖ 60
⓳ 50	㉗ 25
⓴ 36	㉘ 61

84쪽 08 1주일 알기 Ⓑ

❶ 4, 5	❼ 8
❷ 1, 3	❽ 4, 2
❸ 7, 4	❾ 3
❹ 6	❿ 2, 3
❺ 1, 6	⓫ 3, 4
❻ 8, 6	⓬ 7, 1

85쪽

⓭ 2, 1	㉑ 3, 3
⓮ 3, 6	㉒ 8, 4
⓯ 6, 2	㉓ 8, 5
⓰ 7, 3	㉔ 6, 6
⓱ 4, 3	㉕ 5, 4
⓲ 5, 1	㉖ 7, 2
⓳ 7, 6	㉗ 4, 1
⓴ 1, 4	㉘ 1, 2

86쪽 09 달력 알기 (A)

❶ 1, 9, 11, 13, 17, 25, 27

❷ 3, 10, 13, 15, 16, 19, 26

❸ 2, 6, 13, 17, 19, 22, 30

❹ 5, 6, 11, 13, 20, 21, 28, 29

87쪽

❺ 1, 2, 3, 9, 16, 27, 28, 29

❻ 1, 8, 12, 13, 14, 15, 19

❼ 5, 6, 12, 13, 19, 20, 26

❽ 7, 14, 21, 22, 23, 24, 25

❾ 4, 5, 10, 15, 16, 23, 30

❿ 2, 3, 8, 9, 14, 15, 21, 30

88쪽 10 달력 알기 (B)

❶ 31, 31, 30, 31, 31

❷ 30, 31, 31, 30, 31

❸ 31, 30, 31, 31, 30

❹ 31, 30, 30, 31

❺ 31, 30, 31, 31

89쪽

❻ 34

❼ 40

❽ 16

❾ 23

❿ 24

⓫ 50

⓬ 38

⓭ 32

⓮ 2, 2

⓯ 4

⓰ 3, 1

⓱ 1, 10

⓲ 3, 9

⓳ 1, 9

⓴ 2, 6

㉑ 3, 6

MEMO

교과서 연계 연산 강화 프로젝트

속도와 정확성을 동시에 잡는 연산 훈련서

쌤과 맘이 만든

쌍둥이 연산노트

초등 4단계

2·2

복습책

1일 2쪽

한 달 완성

이젠교육
EZEN EDUCATION

이젠수학연구소 지음

이젠수학연구소는 유아에서 초중고까지 학생들이 수학의 바른길을 찾아갈 수 있도록 수학 학습법을 연구하는 이젠교육의 수학 연구소입니다. 수학 실력은 하루아침에 완성되지 않으며, 다양한 경험을 통해 발달합니다. 그길에 친구가 되고자 노력합니다.

쌤과 맘이 만든

쌍둥이 연산 노트 2-2 복습책 (초등 4단계)

지 은 이 이젠수학연구소
펴 낸 이 임요병
펴 낸 곳 ㈜이젠미디어
출판등록 제 2020-000073호
주 소 서울시 영등포구 양평로 22길 21 코오롱디지털타워 404호
전 화 (02)324-1600
팩 스 (031)941-9611

개발책임 최철훈
편 집 ㈜성지이디피
디 자 인 이순주, 최수연
제 작 이성기
마 케 팅 김남미
인스타그램 @ezeneducation
블 로 그 http://blog.naver.com/ezeneducation

@이젠교육
ISBN 979-11-90880-54-1

쌤과 맘이 만든

쌍둥이 연산노트

초등 4단계

2·2 복습책

한눈에 보기

1학년

1학기

단원	학습 내용
9까지의 수	· 9까지의 수의 순서 알기 · 수를 세어 크기 비교하기
덧셈	· 9까지의 수 모으기 · 합이 9까지인 덧셈하기
뺄셈	· 9까지의 수 가르기 · 한 자리 수의 뺄셈하기
50까지의 수	· 십몇 알고 모으기와 가르기 · 50까지의 수의 순서 알기 · 50까지의 수의 크기 비교

2학기

단원	학습 내용
100까지의 수	· 100까지의 수의 순서 알기 · 100까지 수의 크기 비교하기
덧셈(1)	· (몇십몇)+(몇십몇) · 합이 한 자리 수인 세 수의 덧셈
뺄셈(1)	· (몇십몇)−(몇십몇) · 계산 결과가 한 자리 수인 세 수의 뺄셈
덧셈(2)	· 세 수의 덧셈 · 받아올림이 있는 (몇)+(몇)
뺄셈(2)	· 세 수의 뺄셈 · 받아내림이 있는 (십몇)−(몇)

2학년

1학기

단원	학습 내용
세 자리 수	· 세 자리 수의 자릿값 알기 · 수의 크기 비교
덧셈	· 받아올림이 있는 (두 자리 수)+(두 자리 수) · 세 수의 덧셈
뺄셈	· 받아내림이 있는 (두 자리 수)−(두 자리 수) · 세 수의 뺄셈
곱셈	· 몇 배인지 알아보기 · 곱셈식으로 나타내기

2학기

단원	학습 내용
네 자리 수	· 네 자리 수 알기 · 두 수의 크기 비교
곱셈구구	· 2~9단 곱셈구구 · 1의 단, 0과 어떤 수의 곱
길이 재기	· 길이의 합 · 길이의 차
시각과 시간	· 시각 읽기 · 시각과 분 사이의 관계 · 하루, 1주일, 달력 알기

3학년

1학기

단원	학습 내용
덧셈	· 받아올림이 있는 (세 자리 수)+(세 자리 수)
뺄셈	· 받아내림이 있는 (세 자리 수)−(세 자리 수)
나눗셈	· 곱셈과 나눗셈의 관계 · 나눗셈의 몫 구하기
곱셈	· 올림이 있는 (몇십몇)×(몇)
길이와 시간의 덧셈과 뺄셈	· 길이의 덧셈과 뺄셈 · 시간의 덧셈과 뺄셈
분수와 소수	· 분모가 같은 분수의 크기 비교 · 소수의 크기 비교

2학기

단원	학습 내용
곱셈	· 올림이 있는 (세 자리 수)×(한 자리 수) · 올림이 있는 (몇십몇)×(몇십몇)
나눗셈	· 나머지가 있는 (몇십몇)÷(몇) · 나머지가 있는 (세 자리 수)÷(한 자리 수)
분수	· 진분수, 가분수, 대분수 · 대분수를 가분수로 나타내기 · 가분수를 대분수로 나타내기 · 분모가 같은 분수의 크기 비교
들이와 무게	· 들이의 덧셈과 뺄셈 · 무게의 덧셈과 뺄셈

쌍둥이 연산 노트는 **수학 교과서의 연산과 관련된 모든 영역의 문제를**
학교 수업 차시에 맞게 구성하였습니다.

4학년

1학기

단원	학습 내용
큰 수	· 다섯 자리 수 · 천만, 천억, 천조 알기 · 수의 크기 비교
각도	· 각도의 합과 차 · 삼각형의 세 각의 크기의 합 · 사각형의 네 각의 크기의 합
곱셈	· (몇백)×(몇십) · (세 자리 수)×(두 자리 수)
나눗셈	· (몇백몇십)÷(몇십) · (세 자리 수)÷(두 자리 수)

2학기

단원	학습 내용
분수의 덧셈	· 분모가 같은 분수의 덧셈 · 진분수 부분의 합이 1보다 큰 대분수의 덧셈
분수의 뺄셈	· 분모가 같은 분수의 뺄셈 · 받아내림이 있는 대분수의 뺄셈
소수의 덧셈	· (소수 두 자리 수)+(소수 두 자리 수) · 자릿수가 다른 소수의 덧셈
소수의 뺄셈	· (소수 두 자리 수)−(소수 두 자리 수) · 자릿수가 다른 소수의 뺄셈
다각형	· 삼각형, 평행사변형, 마름모, 직사각형의 각도와 길이 구하기

5학년

1학기

단원	학습 내용
자연수의 혼합 계산	· 덧셈, 뺄셈, 곱셈, 나눗셈이 섞여 있는 식 계산하기
약수와 배수	· 약수와 배수 · 최대공약수와 최소공배수
약분과 통분	· 약분과 통분 · 분수와 소수의 크기 비교
분수의 덧셈과 뺄셈	· 받아올림이 있는 분수의 덧셈 · 받아내림이 있는 분수의 뺄셈
다각형의 둘레와 넓이	· 정다각형의 둘레 · 사각형, 평행사변형, 삼각형, 마름모, 사다리꼴의 넓이

2학기

단원	학습 내용
어림하기	· 올림, 버림, 반올림
분수의 곱셈	· (분수)×(자연수) · (자연수)×(분수) · (분수)×(분수) · 세 분수의 곱셈
소수의 곱셈	· (소수)×(자연수) · (자연수)×(소수) · (소수)×(소수) · 곱의 소수점의 위치
자료의 표현	· 평균 구하기

6학년

1학기

단원	학습 내용
분수의 나눗셈	· (자연수)÷(자연수) · (분수)÷(자연수)
소수의 나눗셈	· (소수)÷(자연수) · (자연수)÷(자연수)
비와 비율	· 비와 비율 구하기 · 비율을 백분율, 백분율을 비율로 나타내기
직육면체의 부피와 겉넓이	· 직육면체의 부피와 겉넓이 · 정육면체의 부피와 겉넓이

2학기

단원	학습 내용
분수의 나눗셈	· (진분수)÷(진분수) · (자연수)÷(분수) · (대분수)÷(대분수)
소수의 나눗셈	· (소수)÷(소수) · (자연수)÷(소수) · 몫을 반올림하여 나타내기
비례식과 비례배분	· 간단한 자연수의 비로 나타내기 · 비례식과 비례배분
원주와 원의 넓이	· 원주, 지름, 반지름 구하기 · 원의 넓이 구하기

쌍둥이 연산 노트

구성과 유의점

단원	학습 내용	지도 시 유의점	표준 시간
네 자리 수	01 1000, 몇천 알아보기	1000씩 묶어서 세어 보고, 1000이 몇 개이면 몇천임을 이해하게 합니다.	8분
	02 네 자리 수 알아보기	1000이 몇 개, 100이 몇 개, 10이 몇 개, 1이 몇 개인 수로 나타내어 봄으로써 네 자리 수의 구성 원리를 이해하게 합니다.	7분
	03 각 자리의 숫자 알아보기(1)	네 자리의 수에서 천의 자리 숫자, 백의 자리 숫자, 십의 자리 숫자, 일의 자리 숫자는 무엇인지 알게 하고 각 자리의 숫자가 나타내는 값을 이해하게 합니다.	7분
	04 각 자리의 숫자 알아보기(2)		8분
	05 뛰어 세기(1)	1000씩, 100씩, 10씩, 1씩 뛰어 세기를 통해 네 자리 수의 계열을 이해하게 합니다.	8분
	06 뛰어 세기(2)		8분
	07 두 수의 크기 비교(1)	· 각 자리의 숫자가 나타내는 값을 이용하여 네 자리 수의 크기를 비교하게 합니다. · 비교한 결과를 >, <를 사용하여 나타내게 합니다.	8분
	08 두 수의 크기 비교(2)		8분
곱셈구구	01 2의 단 곱셈구구(1)	· 2의 단 곱셈구구의 구성 원리를 이해하고 곱셈구구를 완성하게 합니다. · 2의 단 곱셈구구를 이용하여 문제를 해결하게 합니다.	11분
	02 2의 단 곱셈구구(2)		15분
	03 3의 단 곱셈구구(1)	· 3의 단 곱셈구구의 구성 원리를 이해하고 곱셈구구를 완성하게 합니다. · 3의 단 곱셈구구를 이용하여 문제를 해결하게 합니다.	11분
	04 3의 단 곱셈구구(2)		15분
	05 4의 단 곱셈구구(1)	· 4의 단 곱셈구구의 구성 원리를 이해하고 곱셈구구를 완성하게 합니다. · 4의 단 곱셈구구를 이용하여 문제를 해결하게 합니다.	11분
	06 4의 단 곱셈구구(2)		15분
	07 5의 단 곱셈구구(1)	· 5의 단 곱셈구구의 구성 원리를 이해하고 곱셈구구를 완성하게 합니다. · 5의 단 곱셈구구를 이용하여 문제를 해결하게 합니다.	11분
	08 5의 단 곱셈구구(2)		15분
	09 6의 단 곱셈구구(1)	· 6의 단 곱셈구구의 구성 원리를 이해하고 곱셈구구를 완성하게 합니다. · 6의 단 곱셈구구를 이용하여 문제를 해결하게 합니다.	11분
	10 6의 단 곱셈구구(2)		15분
	11 7의 단 곱셈구구(1)	· 7의 단 곱셈구구의 구성 원리를 이해하고 곱셈구구를 완성하게 합니다. · 7의 단 곱셈구구를 이용하여 문제를 해결하게 합니다.	11분
	12 7의 단 곱셈구구(2)		15분

◆ 차시별 2쪽 구성으로 차시의 중요도별로 A~C단계로 2~6쪽까지 집중적으로 학습할 수 있습니다.

◆ 차시별 예습 2쪽+복습 2쪽 구성으로 시기별로 2번 반복할 수 있습니다.

단원	학습 내용	지도 시 유의점	표준 시간
곱셈구구	13 8의 단 곱셈구구(1)	· 8의 단 곱셈구구의 구성 원리를 이해하고 곱셈구구를 완성하게 합니다. · 8의 단 곱셈구구를 이용하여 문제를 해결하게 합니다.	11분
	14 8의 단 곱셈구구(2)		15분
	15 9의 단 곱셈구구(1)	· 9의 단 곱셈구구의 구성 원리를 이해하고 곱셈구구를 완성하게 합니다. · 9의 단 곱셈구구를 이용하여 문제를 해결하게 합니다.	11분
	16 9의 단 곱셈구구(2)		15분
	17 1의 단 곱셈구구, 0과 어떤 수의 곱(1)	· 1의 단 곱셈구구의 구성 원리를 이해하고 0과 어떤 수의 곱을 이해하게 합니다. · 1의 단 곱셈구구와 0의 곱을 이용하여 문제를 해결하게 합니다.	11분
	18 1의 단 곱셈구구, 0과 어떤 수의 곱(2)		13분
길이 재기	01 길이의 합(1)	· 구체적인 상황에서 길이의 합을 구하는 원리를 알게 합니다. · 자연수의 덧셈과 길이의 합을 자연스럽게 연결하여 생각할 수 있도록 지도합니다.	9분
	02 길이의 합(2)		9분
	03 길이의 합(3)		13분
	04 길이의 차(1)	· 구체적인 상황에서 길이의 차를 구하는 원리를 알게 합니다. · 자연수의 뺄셈과 길이의 차를 자연스럽게 연결하여 생각할 수 있도록 지도합니다.	9분
	05 길이의 차(2)		9분
	06 길이의 차(3)		13분
시각과 시간	01 시각 읽기(1)	· 긴 바늘이 가리키는 숫자와 분의 관계를 알고 5분, 1분 단위의 시각을 읽는 방법을 알아보게 합니다. · 몇 시 몇 분 전으로 시각을 읽고 나타내게 합니다.	8분
	02 시각 읽기(2)		8분
	03 시각과 분 사이의 관계(1)	· 1시간=60분임을 알아보게 합니다. · 몇 시 몇 분을 몇 분으로, 몇 분을 몇 시 몇 분으로 고칠 수 있게 합니다.	10분
	04 시각과 분 사이의 관계(2)		10분
	05 하루의 시간(1)	· 1일=24시간임을 알아보게 합니다. · 며칠을 몇 시간으로, 몇 시간을 며칠로 고칠 수 있게 합니다.	10분
	06 하루의 시간(2)		10분
	07 1주일 알기(1)	· 1주일=7일임을 알아보게 합니다. · 몇 주를 며칠로, 며칠을 몇 주로 고칠 수 있게 합니다.	10분
	08 1주일 알기(2)		10분
	09 달력 알기(1)	달력을 보고 1년=12개월과 각 달의 날수를 구할 수 있도록 합니다.	7분
	10 달력 알기(2)		8분

01 1000, 몇천 알아보기

복습 A

빈칸에 알맞은 수나 말을 써넣으세요.

❶

수	1000이 1개
쓰기	
읽기	천

❷

수	1000이 5개
쓰기	5000
읽기	

❸

수	1000이 8개
쓰기	
읽기	팔천

❹

수	1000이 2개
쓰기	2000
읽기	

❺

수	1000이 6개
쓰기	
읽기	육천

❻

수	1000이 4개
쓰기	4000
읽기	

❼

수	1000이 7개
쓰기	
읽기	칠천

❽

수	1000이 9개
쓰기	9000
읽기	

❾

수	1000이 1개
쓰기	
읽기	천

❿

수	1000이 3개
쓰기	3000
읽기	

정답 92쪽

공부한 날짜	맞힌 개수	걸린 시간
월 일	/24	분

☐ 안에 알맞은 수를 써넣으세요.

⑪ 1000이 9개이면 ☐입니다.

⑫ 1000이 2개이면 ☐입니다.

⑬ 1000이 8개이면 ☐입니다.

⑭ 1000이 3개이면 ☐입니다.

⑮ 1000이 5개이면 ☐입니다.

⑯ 1000이 7개이면 ☐입니다.

⑰ 1000이 6개이면 ☐입니다.

⑱ 1000이 5개이면 ☐입니다.

⑲ 1000이 9개이면 ☐입니다.

⑳ 1000이 1개이면 ☐입니다.

㉑ 1000이 3개이면 ☐입니다.

㉒ 1000이 2개이면 ☐입니다.

㉓ 1000이 6개이면 ☐입니다.

㉔ 1000이 4개이면 ☐입니다.

02 네 자리 수 알아보기

복습 A

☐ 안에 알맞은 수나 말을 써넣으세요.

❶ 1000이 9개, 100이 7개, 10이 8개, 1이 3개이면 ☐이고, ☐이라고 읽습니다.

❷ 1000이 5개, 100이 4개, 10이 5개, 1이 9개이면 ☐이고, ☐라고 읽습니다.

❸ 1000이 6개, 100이 4개, 10이 5개, 1이 9개이면 ☐이고, ☐라고 읽습니다.

❹ 1000이 1개, 100이 5개, 10이 1개, 1이 5개이면 ☐이고, ☐라고 읽습니다.

❺ 1000이 7개, 100이 5개, 10이 8개, 1이 3개이면 ☐이고, ☐이라고 읽습니다.

❻ 1000이 3개, 100이 7개, 10이 1개, 1이 5개이면 ☐이고, ☐라고 읽습니다.

❼ 1000이 8개, 100이 5개, 10이 8개, 1이 3개이면 ☐이고, ☐이라고 읽습니다.

정답 92쪽

공부한 날짜	맞힌 개수	걸린 시간
월 일	/17	분

□ 안에 알맞은 수를 써넣으세요.

8. 1000이 9개, 100이 8개, 10이 4개, 1이 8개인 수는 □

9. 1000이 1개, 100이 4개, 10이 4개, 1이 8개인 수는 □

10. 1000이 9개, 100이 1개, 10이 1개, 1이 5개인 수는 □

11. 1000이 6개, 100이 8개, 10이 3개, 1이 7개인 수는 □

12. 1000이 7개, 100이 9개, 10이 9개, 1이 4개인 수는 □

13. 6659는 1000이 □개, 100이 □개, 10이 □개, 1이 □개

14. 8661은 1000이 □개, 100이 □개, 10이 □개, 1이 □개

15. 3972는 1000이 □개, 100이 □개, 10이 □개, 1이 □개

16. 2715는 1000이 □개, 100이 □개, 10이 □개, 1이 □개

17. 5515는 1000이 □개, 100이 □개, 10이 □개, 1이 □개

03 각 자리의 숫자 알아보기

복습 A

빈칸에 알맞은 수를 써넣으세요.

❶ 3272

천의 자리	백의 자리	십의 자리	일의 자리

↓

	0	0	0
		0	0
			0

❷ 4326

천의 자리	백의 자리	십의 자리	일의 자리

↓

	0	0	0
		0	0
			0

❸ 6394

천의 자리	백의 자리	십의 자리	일의 자리

↓

	0	0	0
		0	0
			0

❹ 5261

천의 자리	백의 자리	십의 자리	일의 자리

↓

	0	0	0
		0	0
			0

❺ 1648

천의 자리	백의 자리	십의 자리	일의 자리

↓

	0	0	0
		0	0
			0

❻ 8848

천의 자리	백의 자리	십의 자리	일의 자리

↓

	0	0	0
		0	0
			0

정답 92쪽

공부한 날짜	맞힌 개수	걸린 시간
월 일	/16	분

빈칸에 알맞은 수를 써넣으세요.

7 7459

천의 자리	백의 자리	십의 자리	일의 자리

8 1794

천의 자리	백의 자리	십의 자리	일의 자리

9 9659

천의 자리	백의 자리	십의 자리	일의 자리

10 5961

천의 자리	백의 자리	십의 자리	일의 자리

11 2315

천의 자리	백의 자리	십의 자리	일의 자리

12 4515

천의 자리	백의 자리	십의 자리	일의 자리

13 5994

천의 자리	백의 자리	십의 자리	일의 자리

14 1972

천의 자리	백의 자리	십의 자리	일의 자리

15 9259

천의 자리	백의 자리	십의 자리	일의 자리

16 6826

천의 자리	백의 자리	십의 자리	일의 자리

04 각 자리의 숫자 알아보기

복습 B

□ 안에 알맞은 수를 써넣으세요.

❶ 1283
=1000+200+□+□

❷ 7515
=□+500+□+5

❸ 2448
=2000+□+□+8

❹ 4848
=□+□+40+8

❺ 7794
=□+700+90+□

❻ 6583
=6000+□+□+3

❼ 2637
=2000+□+30+□

❽ 3472
=□+400+70+□

❾ 5848
=5000+□+40+□

❿ 6272
=6000+200+□+□

⓫ 9272
=9000+□+70+□

⓬ 1659
=□+600+□+9

⓭ 8983
=□+900+80+□

⓮ 3783
=3000+□+□+3

정답 92쪽

공부한 날짜	맞힌 개수	걸린 시간
월 일	/28	분

◆ □ 안에 알맞은 수를 써넣으세요.

⑮ $9000+900+60+1$
$=\square$

⑯ $3000+800+50+9$
$=\square$

⑰ $7000+200+80+3$
$=\square$

⑱ $2000+200+70+2$
$=\square$

⑲ $4000+700+70+2$
$=\square$

⑳ $6000+700+70+2$
$=\square$

㉑ $1000+400+60+1$
$=\square$

㉒ $1000+500+20+6$
$=\square$

㉓ $4000+500+80+3$
$=\square$

㉔ $5000+300+20+6$
$=\square$

㉕ $9000+300+20+6$
$=\square$

㉖ $2000+800+40+8$
$=\square$

㉗ $5000+500+20+6$
$=\square$

㉘ $8000+400+40+8$
$=\square$

05 뛰어 세기

복습 A

뛰어서 센 수입니다. 빈칸에 알맞은 수를 써넣으세요.

1	4592		4594	4595	4596			4599
2			9348		9548	9648	9748	9848
3		3836	3846	3856		3876		3896
4	1137	2137			5137		7137	8137
5	6326	6336	6346		6366	6376		
6	5661		5663	5664		5666	5667	
7		3794		5794	6794	7794		9794

➲ 정답 93쪽

공부한 날짜	맞힌 개수	걸린 시간
월 일	/21	분

뛰어서 센 수입니다. 빈칸에 알맞은 수를 써넣으세요.

8. ☐ - 2326 - 3326 - ☐ - 5326

9. ☐ - ☐ - 6859 - 7859 - 8859

10. 1337 - ☐ - ☐ - 4337 - 5337

11. 5283 - ☐ - 5483 - 5583 - ☐

12. ☐ - 3437 - 3537 - ☐ - 3737

13. 8272 - ☐ - 8274 - ☐ - 8276

14. ☐ - 3261 - ☐ - 5261 - 6261

15. ☐ - 9559 - ☐ - 9759 - 9859

16. 2394 - ☐ - 2396 - ☐ - 2398

17. ☐ - 7984 - 7985 - 7986 - ☐

18. ☐ - ☐ - 3146 - 3156 - 3166

19. 6461 - 6462 - ☐ - ☐ - 6465

20. 1661 - ☐ - ☐ - 1664 - 1665

21. 5137 - ☐ - 5337 - 5437 - ☐

06 뛰어 세기

복습 B

거꾸로 뛰어서 센 수입니다. 빈칸에 알맞은 수를 써넣으세요.

❶ [ ] – [ ] – 5772 – [ ] – 5572 – 5472 – 5372 – 5272

❷ 9983 – 8983 – [ ] – 6983 – [ ] – 4983 – 3983 – [ ]

❸ 4983 – 4883 – 4783 – [ ] – 4583 – [ ] – [ ] – 4283

❹ [ ] – 3883 – 3783 – 3683 – [ ] – 3483 – [ ] – 3283

❺ 9783 – [ ] – [ ] – 6783 – 5783 – [ ] – 3783 – 2783

❻ [ ] – 7668 – 7658 – 7648 – [ ] – 7628 – 7618 – [ ]

❼ 9261 – 8261 – 7261 – [ ] – [ ] – 4261 – [ ] – 2261

정답 93쪽

공부한 날짜	맞힌 개수	걸린 시간
월 일	/21	분

거꾸로 뛰어서 센 수입니다. 빈칸에 알맞은 수를 써넣으세요.

❽ ☐ - 5478 - 5468 - ☐ - 5448

⓯ 3587 - 3586 - 3585 - ☐ - ☐

❾ ☐ - 5326 - 4326 - 3326 - ☐

⓰ 9983 - ☐ - 9783 - 9683 - ☐

❿ 9465 - 9464 - ☐ - 9462 - ☐

⓱ 1965 - 1964 - ☐ - ☐ - 1961

⓫ 6659 - ☐ - ☐ - 6359 - 6259

⓲ ☐ - 8964 - 8963 - ☐ - 8961

⓬ 3776 - 3775 - ☐ - ☐ - 3772

⓳ ☐ - 5867 - 5857 - 5847 - ☐

⓭ 8983 - 7983 - 6983 - ☐ - ☐

⓴ 6459 - ☐ - 4459 - ☐ - 2459

⓮ 1755 - ☐ - ☐ - 1725 - 1715

㉑ 6868 - 6768 - ☐ - 6568 - ☐

07 두 수의 크기 비교

복습 A

빈칸에 알맞은 수를 쓰고, ○ 안에 >, <를 알맞게 써넣으세요.

❶

	천의 자리	백의 자리	십의 자리	일의 자리
5842 ➡				
6053 ➡				

5842 ○ 6053

❷

	천의 자리	백의 자리	십의 자리	일의 자리
1629 ➡				
7731 ➡				

1629 ○ 7731

❸

	천의 자리	백의 자리	십의 자리	일의 자리
7064 ➡				
3629 ➡				

7064 ○ 3629

❹

	천의 자리	백의 자리	십의 자리	일의 자리
2275 ➡				
4164 ➡				

2275 ○ 4164

❺

	천의 자리	백의 자리	십의 자리	일의 자리
2629 ➡				
3953 ➡				

2629 ○ 3953

❻

	천의 자리	백의 자리	십의 자리	일의 자리
8731 ➡				
5497 ➡				

8731 ○ 5497

❼

	천의 자리	백의 자리	십의 자리	일의 자리
8275 ➡				
7518 ➡				

8275 ○ 7518

❽

	천의 자리	백의 자리	십의 자리	일의 자리
5164 ➡				
4802 ➡				

5164 ○ 4802

정답 93쪽

공부한 날짜	맞힌 개수	걸린 시간
월 일	/22	분

두 수의 크기를 비교하여 ○ 안에 >, <를 알맞게 써넣으세요.

9 5731 ○ 6518

10 1164 ○ 2386

11 4386 ○ 8497

12 6518 ○ 7306

13 9164 ○ 2164

14 5386 ○ 8518

15 6497 ○ 2518

16 1629 ○ 3160

17 7731 ○ 4701

18 4842 ○ 2842

19 7164 ○ 1518

20 5386 ○ 4629

21 7953 ○ 9953

22 3953 ○ 4275

08 두 수의 크기 비교

복습 B

빈칸에 알맞은 수를 쓰고, ○ 안에 >, <를 알맞게 써넣으세요.

❶

	천의 자리	백의 자리	십의 자리	일의 자리
4086 ➡				
4164 ➡				

4086 ○ 4164

❷

	천의 자리	백의 자리	십의 자리	일의 자리
2953 ➡				
2518 ➡				

2953 ○ 2518

❸

	천의 자리	백의 자리	십의 자리	일의 자리
8629 ➡				
8731 ➡				

8629 ○ 8731

❹

	천의 자리	백의 자리	십의 자리	일의 자리
1386 ➡				
1731 ➡				

1386 ○ 1731

❺

	천의 자리	백의 자리	십의 자리	일의 자리
6164 ➡				
6842 ➡				

6164 ○ 6842

❻

	천의 자리	백의 자리	십의 자리	일의 자리
9842 ➡				
9731 ➡				

9842 ○ 9731

❼

	천의 자리	백의 자리	십의 자리	일의 자리
3731 ➡				
3609 ➡				

3731 ○ 3609

❽

	천의 자리	백의 자리	십의 자리	일의 자리
5497 ➡				
5629 ➡				

5497 ○ 5629

정답 93쪽

공부한 날짜	맞힌 개수	걸린 시간
월 일	/22	분

두 수의 크기를 비교하여 ○ 안에 >, <를 알맞게 써넣으세요.

9. 7953 ○ 7386

10. 2518 ○ 2053

11. 3275 ○ 3164

12. 4053 ○ 4518

13. 4205 ○ 4275

14. 5497 ○ 5842

15. 3842 ○ 3629

16. 1497 ○ 1205

17. 3518 ○ 3497

18. 6164 ○ 6731

19. 2629 ○ 2518

20. 6275 ○ 6386

21. 1164 ○ 1097

22. 8842 ○ 8518

01 2의 단 곱셈구구

복습 A

빈칸에 알맞은 수를 써넣으세요.

❶

×	3	4	5	6	7
2					

+2 +2 +2 +2

❷

×	4	5	6	7	8
2					

❸

×	2	3	4	5	6
2					

❹

×	5	6	7	8	9
2					

❺

×	4	5	6	7	8
2					

❻

×	5	6	7	8	9
2					

❼

×	1	2	3	4	5
2					

❽

×	4	5	6	7	8
2					

❾

×	1	2	3	4	5
2					

❿

×	2	3	4	5	6
2					

정답 94쪽

공부한 날짜	맞힌 개수	걸린 시간
월 일	/22	분

□ 안에 알맞은 수를 써넣으세요.

⑪ $2+2+2+2+2+2+2$

$=2\times\square=\square$

⑫ 2

$=2\times\square=\square$

⑬ $2+2+2$

$=2\times\square=\square$

⑭ $2+2+2+2+2+2$

$=2\times\square=\square$

⑮ $2+2+2+2$

$=2\times\square=\square$

⑯ $2+2$

$=2\times\square=\square$

⑰ $2+2$

$=2\times\square=\square$

⑱ $2+2+2$

$=2\times\square=\square$

⑲ $2+2+2+2$

$=2\times\square=\square$

⑳ $2+2+2+2+2+2+2+2+2$

$=2\times\square=\square$

㉑ $2+2+2+2+2+2+2+2$

$=2\times\square=\square$

㉒ $2+2+2+2+2$

$=2\times\square=\square$

02 2의 단 곱셈구구

복습 B

□ 안에 알맞은 수를 써넣으세요.

❶ $2 \times 8 = 2 \times 7 + \square = \square$

❷ $2 \times 7 = 2 \times 6 + \square = \square$

❸ $2 \times 2 = 2 \times 1 + \square = \square$

❹ $2 \times 8 = 2 \times 7 + \square = \square$

❺ $2 \times 6 = 2 \times 5 + \square = \square$

❻ $2 \times 5 = 2 \times 4 + \square = \square$

❼ $2 \times 4 = 2 \times 3 + \square = \square$

❽ $2 \times 2 = 2 \times 1 + \square = \square$

❾ $2 \times 9 = 2 \times 8 + \square = \square$

❿ $2 \times 3 = 2 \times 2 + \square = \square$

⓫ $2 \times 4 = 2 \times 3 + \square = \square$

⓬ $2 \times 7 = 2 \times 6 + \square = \square$

⓭ $2 \times 6 = 2 \times 5 + \square = \square$

⓮ $2 \times 9 = 2 \times 8 + \square = \square$

정답 94쪽

공부한 날짜	맞힌 개수	걸린 시간
월 일	/35	분

계산을 하세요.

⑮ $2 \times 7 =$ ☐

⑯ $2 \times 3 =$ ☐

⑰ $2 \times 1 =$ ☐

⑱ $2 \times 9 =$ ☐

⑲ $2 \times 5 =$ ☐

⑳ $2 \times 9 =$ ☐

㉑ $2 \times 4 =$ ☐

㉒ $2 \times 2 =$ ☐

㉓ $2 \times 8 =$ ☐

㉔ $2 \times 9 =$ ☐

㉕ $2 \times 7 =$ ☐

㉖ $2 \times 2 =$ ☐

㉗ $2 \times 6 =$ ☐

㉘ $2 \times 8 =$ ☐

㉙ $2 \times 4 =$ ☐

㉚ $2 \times 3 =$ ☐

㉛ $2 \times 7 =$ ☐

㉜ $2 \times 1 =$ ☐

㉝ $2 \times 6 =$ ☐

㉞ $2 \times 4 =$ ☐

㉟ $2 \times 5 =$ ☐

03 3의 단 곱셈구구

복습 A

빈칸에 알맞은 수를 써넣으세요.

❶

×	1	2	3	4	5
3					

+3 +3 +3 +3

❷

×	3	4	5	6	7
3					

❸

×	4	5	6	7	8
3					

❹

×	5	6	7	8	9
3					

❺

×	2	3	4	5	6
3					

❻

×	2	3	4	5	6
3					

❼

×	5	6	7	8	9
3					

❽

×	1	2	3	4	5
3					

❾

×	3	4	5	6	7
3					

❿

×	4	5	6	7	8
3					

정답 94쪽

공부한 날짜	맞힌 개수	걸린 시간
월 일	/24	분

□ 안에 알맞은 수를 써넣으세요.

⑪ 3 + 3
= 3 × □ = □

⑫ 3 + 3 + 3 + 3 + 3 + 3 + 3
= 3 × □ = □

⑬ 3
= 3 × □ = □

⑭ 3 + 3 + 3 + 3 + 3 + 3
= 3 × □ = □

⑮ 3 + 3 + 3 + 3 + 3
= 3 × □ = □

⑯ 3 + 3 + 3
= 3 × □ = □

⑰ 3
= 3 × □ = □

⑱ 3 + 3 + 3 + 3 + 3
= 3 × □ = □

⑲ 3 + 3 + 3 + 3
= 3 × □ = □

⑳ 3 + 3 + 3 + 3 + 3 + 3
= 3 × □ = □

㉑ 3 + 3
= 3 × □ = □

㉒ 3+3+3+3+3+3+3+3+3
= 3 × □ = □

㉓ 3 + 3 + 3 + 3 + 3 + 3 + 3 + 3
= 3 × □ = □

㉔ 3 + 3 + 3
= 3 × □ = □

04 3의 단 곱셈구구

복습 B

◆ □ 안에 알맞은 수를 써넣으세요.

❶ $3 \times 8 = 3 \times 7 + \square = \square$

❷ $3 \times 2 = 3 \times 1 + \square = \square$

❸ $3 \times 6 = 3 \times 5 + \square = \square$

❹ $3 \times 3 = 3 \times 2 + \square = \square$

❺ $3 \times 2 = 3 \times 1 + \square = \square$

❻ $3 \times 5 = 3 \times 4 + \square = \square$

❼ $3 \times 3 = 3 \times 2 + \square = \square$

❽ $3 \times 7 = 3 \times 6 + \square = \square$

❾ $3 \times 9 = 3 \times 8 + \square = \square$

❿ $3 \times 5 = 3 \times 4 + \square = \square$

⓫ $3 \times 4 = 3 \times 3 + \square = \square$

⓬ $3 \times 6 = 3 \times 5 + \square = \square$

⓭ $3 \times 4 = 3 \times 3 + \square = \square$

⓮ $3 \times 2 = 3 \times 1 + \square = \square$

정답 94쪽

공부한 날짜	맞힌 개수	걸린 시간
월 일	/35	분

계산을 하세요.

⑮ $3 \times 5 =$ ☐

⑯ $3 \times 9 =$ ☐

⑰ $3 \times 4 =$ ☐

⑱ $3 \times 8 =$ ☐

⑲ $3 \times 4 =$ ☐

⑳ $3 \times 9 =$ ☐

㉑ $3 \times 2 =$ ☐

㉒ $3 \times 2 =$ ☐

㉓ $3 \times 8 =$ ☐

㉔ $3 \times 1 =$ ☐

㉕ $3 \times 7 =$ ☐

㉖ $3 \times 5 =$ ☐

㉗ $3 \times 3 =$ ☐

㉘ $3 \times 7 =$ ☐

㉙ $3 \times 1 =$ ☐

㉚ $3 \times 5 =$ ☐

㉛ $3 \times 3 =$ ☐

㉜ $3 \times 6 =$ ☐

㉝ $3 \times 9 =$ ☐

㉞ $3 \times 6 =$ ☐

㉟ $3 \times 8 =$ ☐

05 4의 단 곱셈구구

복습 A

빈칸에 알맞은 수를 써넣으세요.

❶

×	3	4	5	6	7
4					

+4 +4 +4 +4

❷

×	2	3	4	5	6
4					

❸

×	3	4	5	6	7
4					

❹

×	1	2	3	4	5
4					

❺

×	2	3	4	5	6
4					

❻

×	5	6	7	8	9
4					

❼

×	1	2	3	4	5
4					

❽

×	4	5	6	7	8
4					

❾

×	2	3	4	5	6
4					

❿

×	5	6	7	8	9
4					

정답 95쪽

공부한 날짜	맞힌 개수	걸린 시간
월 일	/24	분

□ 안에 알맞은 수를 써넣으세요.

⑪ $4+4+4+4$
$=4\times\square=\square$

⑫ $4+4$
$=4\times\square=\square$

⑬ $4+4+4+4$
$=4\times\square=\square$

⑭ $4+4$
$=4\times\square=\square$

⑮ 4
$=4\times\square=\square$

⑯ $4+4+4+4+4+4$
$=4\times\square=\square$

⑰ $4+4+4+4+4+4+4+4$
$=4\times\square=\square$

⑱ $4+4+4+4+4+4+4+4+4$
$=4\times\square=\square$

⑲ 4
$=4\times\square=\square$

⑳ $4+4+4$
$=4\times\square=\square$

㉑ $4+4+4+4+4$
$=4\times\square=\square$

㉒ $4+4+4+4+4+4+4$
$=4\times\square=\square$

㉓ $4+4+4$
$=4\times\square=\square$

㉔ $4+4+4+4+4$
$=4\times\square=\square$

06 4의 단 곱셈구구

복습 B

☐ 안에 알맞은 수를 써넣으세요.

❶ $4 \times 4 = 4 \times 3 + \square = \square$

❷ $4 \times 8 = 4 \times 7 + \square = \square$

❸ $4 \times 5 = 4 \times 4 + \square = \square$

❹ $4 \times 8 = 4 \times 7 + \square = \square$

❺ $4 \times 2 = 4 \times 1 + \square = \square$

❻ $4 \times 3 = 4 \times 2 + \square = \square$

❼ $4 \times 4 = 4 \times 3 + \square = \square$

❽ $4 \times 6 = 4 \times 5 + \square = \square$

❾ $4 \times 2 = 4 \times 1 + \square = \square$

❿ $4 \times 3 = 4 \times 2 + \square = \square$

⓫ $4 \times 7 = 4 \times 6 + \square = \square$

⓬ $4 \times 6 = 4 \times 5 + \square = \square$

⓭ $4 \times 9 = 4 \times 8 + \square = \square$

⓮ $4 \times 5 = 4 \times 4 + \square = \square$

정답 95쪽

공부한 날짜	맞힌 개수	걸린 시간
월 일	/35	분

계산을 하세요.

⑮ $4 \times 4 =$ □

⑯ $4 \times 8 =$ □

⑰ $4 \times 7 =$ □

⑱ $4 \times 8 =$ □

⑲ $4 \times 2 =$ □

⑳ $4 \times 7 =$ □

㉑ $4 \times 3 =$ □

㉒ $4 \times 2 =$ □

㉓ $4 \times 5 =$ □

㉔ $4 \times 1 =$ □

㉕ $4 \times 9 =$ □

㉖ $4 \times 4 =$ □

㉗ $4 \times 1 =$ □

㉘ $4 \times 5 =$ □

㉙ $4 \times 3 =$ □

㉚ $4 \times 6 =$ □

㉛ $4 \times 2 =$ □

㉜ $4 \times 3 =$ □

㉝ $4 \times 6 =$ □

㉞ $4 \times 5 =$ □

㉟ $4 \times 9 =$ □

07 5의 단 곱셈구구

복습 A

빈칸에 알맞은 수를 써넣으세요.

❶

×	2	3	4	5	6
5					

+5 +5 +5 +5

❷

×	4	5	6	7	8
5					

❸

×	1	2	3	4	5
5					

❹

×	3	4	5	6	7
5					

❺

×	1	2	3	4	5
5					

❻

×	3	4	5	6	7
5					

❼

×	1	2	3	4	5
5					

❽

×	2	3	4	5	6
5					

❾

×	5	6	7	8	9
5					

❿

×	2	3	4	5	6
5					

정답 95쪽

공부한 날짜	맞힌 개수	걸린 시간
월 일	/24	분

□ 안에 알맞은 수를 써넣으세요.

⑪ 5 + 5 + 5 + 5 + 5
= 5 × □ = □

⑱ 5
= 5 × □ = □

⑫ 5+5+5+5+5+5+5+5+5
= 5 × □ = □

⑲ 5 + 5 + 5
= 5 × □ = □

⑬ 5
= 5 × □ = □

⑳ 5 + 5 + 5 + 5 + 5 + 5
= 5 × □ = □

⑭ 5 + 5
= 5 × □ = □

㉑ 5 + 5 + 5 + 5 + 5
= 5 × □ = □

⑮ 5 + 5 + 5 + 5 + 5 + 5
= 5 × □ = □

㉒ 5 + 5 + 5 + 5
= 5 × □ = □

⑯ 5 + 5 + 5 + 5 + 5 + 5 + 5
= 5 × □ = □

㉓ 5 + 5 + 5 + 5 + 5 + 5 + 5 + 5
= 5 × □ = □

⑰ 5 + 5 + 5 + 5
= 5 × □ = □

㉔ 5 + 5
= 5 × □ = □

08 5의 단 곱셈구구

복습 B

□ 안에 알맞은 수를 써넣으세요.

❶ $5 \times 7 = 5 \times 6 + \square = \square$

❷ $5 \times 5 = 5 \times 4 + \square = \square$

❸ $5 \times 6 = 5 \times 5 + \square = \square$

❹ $5 \times 3 = 5 \times 2 + \square = \square$

❺ $5 \times 8 = 5 \times 7 + \square = \square$

❻ $5 \times 2 = 5 \times 1 + \square = \square$

❼ $5 \times 3 = 5 \times 2 + \square = \square$

❽ $5 \times 2 = 5 \times 1 + \square = \square$

❾ $5 \times 8 = 5 \times 7 + \square = \square$

❿ $5 \times 4 = 5 \times 3 + \square = \square$

⓫ $5 \times 6 = 5 \times 5 + \square = \square$

⓬ $5 \times 9 = 5 \times 8 + \square = \square$

⓭ $5 \times 7 = 5 \times 6 + \square = \square$

⓮ $5 \times 5 = 5 \times 4 + \square = \square$

정답 95쪽

공부한 날짜	맞힌 개수	걸린 시간
월 일	/35	분

계산을 하세요.

⑮ $5 \times 4 =$ ☐

⑯ $5 \times 1 =$ ☐

⑰ $5 \times 4 =$ ☐

⑱ $5 \times 7 =$ ☐

⑲ $5 \times 5 =$ ☐

⑳ $5 \times 6 =$ ☐

㉑ $5 \times 4 =$ ☐

㉒ $5 \times 5 =$ ☐

㉓ $5 \times 2 =$ ☐

㉔ $5 \times 9 =$ ☐

㉕ $5 \times 1 =$ ☐

㉖ $5 \times 3 =$ ☐

㉗ $5 \times 3 =$ ☐

㉘ $5 \times 7 =$ ☐

㉙ $5 \times 8 =$ ☐

㉚ $5 \times 6 =$ ☐

㉛ $5 \times 3 =$ ☐

㉜ $5 \times 9 =$ ☐

㉝ $5 \times 8 =$ ☐

㉞ $5 \times 5 =$ ☐

㉟ $5 \times 2 =$ ☐

09 6의 단 곱셈구구

복습 A

빈칸에 알맞은 수를 써넣으세요.

1

×	2	3	4	5	6
6					

+6 +6 +6 +6

6

×	4	5	6	7	8
6					

2

×	3	4	5	6	7
6					

7

×	1	2	3	4	5
6					

3

×	5	6	7	8	9
6					

8

×	2	3	4	5	6
6					

4

×	4	5	6	7	8
6					

9

×	3	4	5	6	7
6					

5

×	1	2	3	4	5
6					

10

×	5	6	7	8	9
6					

정답 96쪽

공부한 날짜	맞힌 개수	걸린 시간
월 일	/24	분

□ 안에 알맞은 수를 써넣으세요.

⓫ 6+6+6+6+6+6+6+6+6
=6 × □=□

⓬ 6
=6 × □=□

⓭ 6+6+6+6
=6 × □=□

⓮ 6+6+6+6+6+6+6+6
=6 × □=□

⓯ 6+6+6+6+6+6
=6 × □=□

⓰ 6+6+6+6+6+6+6
=6 × □=□

⓱ 6+6
=6 × □=□

⓲ 6+6+6
=6 × □=□

⓳ 6+6+6+6+6
=6 × □=□

⓴ 6+6+6+6+6+6+6+6
=6 × □=□

㉑ 6+6+6+6+6
=6 × □=□

㉒ 6
=6 × □=□

㉓ 6+6+6
=6 × □=□

㉔ 6+6+6+6
=6 × □=□

10 6의 단 곱셈구구

복습 B

□ 안에 알맞은 수를 써넣으세요.

1. $6 \times 7 = 6 \times 6 + \square = \square$
2. $6 \times 4 = 6 \times 3 + \square = \square$
3. $6 \times 2 = 6 \times 1 + \square = \square$
4. $6 \times 9 = 6 \times 8 + \square = \square$
5. $6 \times 8 = 6 \times 7 + \square = \square$
6. $6 \times 5 = 6 \times 4 + \square = \square$
7. $6 \times 3 = 6 \times 2 + \square = \square$
8. $6 \times 8 = 6 \times 7 + \square = \square$
9. $6 \times 5 = 6 \times 4 + \square = \square$
10. $6 \times 6 = 6 \times 5 + \square = \square$
11. $6 \times 2 = 6 \times 1 + \square = \square$
12. $6 \times 3 = 6 \times 2 + \square = \square$
13. $6 \times 7 = 6 \times 6 + \square = \square$
14. $6 \times 9 = 6 \times 8 + \square = \square$

정답 96쪽

공부한 날짜	맞힌 개수	걸린 시간
월 일	/35	분

계산을 하세요.

⑮ $6 \times 5 = \square$

⑯ $6 \times 7 = \square$

⑰ $6 \times 8 = \square$

⑱ $6 \times 4 = \square$

⑲ $6 \times 8 = \square$

⑳ $6 \times 3 = \square$

㉑ $6 \times 2 = \square$

㉒ $6 \times 2 = \square$

㉓ $6 \times 9 = \square$

㉔ $6 \times 5 = \square$

㉕ $6 \times 6 = \square$

㉖ $6 \times 7 = \square$

㉗ $6 \times 4 = \square$

㉘ $6 \times 6 = \square$

㉙ $6 \times 1 = \square$

㉚ $6 \times 4 = \square$

㉛ $6 \times 3 = \square$

㉜ $6 \times 8 = \square$

㉝ $6 \times 9 = \square$

㉞ $6 \times 1 = \square$

㉟ $6 \times 7 = \square$

11 7의 단 곱셈구구

복습 A

빈칸에 알맞은 수를 써넣으세요.

❶

×	4	5	6	7	8
7					

+7 +7 +7 +7

❷

×	5	6	7	8	9
7					

❸

×	2	3	4	5	6
7					

❹

×	3	4	5	6	7
7					

❺

×	1	2	3	4	5
7					

❻

×	2	3	4	5	6
7					

❼

×	3	4	5	6	7
7					

❽

×	1	2	3	4	5
7					

❾

×	2	3	4	5	6
7					

❿

×	5	6	7	8	9
7					

정답 96쪽

공부한 날짜	맞힌 개수	걸린 시간
월 일	/24	분

□ 안에 알맞은 수를 써넣으세요.

⑪ $7+7+7$
$=7\times\square=\square$

⑫ $7+7+7+7+7+7+7+7+7$
$=7\times\square=\square$

⑬ $7+7+7+7+7+7$
$=7\times\square=\square$

⑭ $7+7+7+7+7+7+7+7$
$=7\times\square=\square$

⑮ $7+7+7+7+7+7+7$
$=7\times\square=\square$

⑯ $7+7+7+7+7+7$
$=7\times\square=\square$

⑰ $7+7+7+7+7+7+7+7$
$=7\times\square=\square$

⑱ $7+7+7+7+7$
$=7\times\square=\square$

⑲ $7+7$
$=7\times\square=\square$

⑳ $7+7+7+7$
$=7\times\square=\square$

㉑ $7+7+7$
$=7\times\square=\square$

㉒ 7
$=7\times\square=\square$

㉓ $7+7+7+7$
$=7\times\square=\square$

㉔ $7+7+7+7+7+7+7+7+7$
$=7\times\square=\square$

12 7의 단 곱셈구구

복습 B

◈ □ 안에 알맞은 수를 써넣으세요.

❶ $7 \times 4 = 7 \times 3 + \square = \square$

❷ $7 \times 6 = 7 \times 5 + \square = \square$

❸ $7 \times 9 = 7 \times 8 + \square = \square$

❹ $7 \times 8 = 7 \times 7 + \square = \square$

❺ $7 \times 3 = 7 \times 2 + \square = \square$

❻ $7 \times 4 = 7 \times 3 + \square = \square$

❼ $7 \times 3 = 7 \times 2 + \square = \square$

❽ $7 \times 8 = 7 \times 7 + \square = \square$

❾ $7 \times 2 = 7 \times 1 + \square = \square$

❿ $7 \times 5 = 7 \times 4 + \square = \square$

⓫ $7 \times 7 = 7 \times 6 + \square = \square$

⓬ $7 \times 9 = 7 \times 8 + \square = \square$

⓭ $7 \times 5 = 7 \times 4 + \square = \square$

⓮ $7 \times 7 = 7 \times 6 + \square = \square$

정답 96쪽

공부한 날짜	맞힌 개수	걸린 시간
월 일	/35	분

계산을 하세요.

⑮ $7 \times 8 =$ □

⑯ $7 \times 5 =$ □

⑰ $7 \times 9 =$ □

⑱ $7 \times 7 =$ □

⑲ $7 \times 3 =$ □

⑳ $7 \times 4 =$ □

㉑ $7 \times 6 =$ □

㉒ $7 \times 1 =$ □

㉓ $7 \times 2 =$ □

㉔ $7 \times 6 =$ □

㉕ $7 \times 3 =$ □

㉖ $7 \times 2 =$ □

㉗ $7 \times 7 =$ □

㉘ $7 \times 5 =$ □

㉙ $7 \times 4 =$ □

㉚ $7 \times 6 =$ □

㉛ $7 \times 8 =$ □

㉜ $7 \times 5 =$ □

㉝ $7 \times 9 =$ □

㉞ $7 \times 8 =$ □

㉟ $7 \times 1 =$ □

13 8의 단 곱셈구구

복습 A

빈칸에 알맞은 수를 써넣으세요.

❶

×	1	2	3	4	5
8					

+8 +8 +8 +8

❷

×	4	5	6	7	8
8					

❸

×	3	4	5	6	7
8					

❹

×	2	3	4	5	6
8					

❺

×	2	3	4	5	6
8					

❻

×	5	6	7	8	9
8					

❼

×	2	3	4	5	6
8					

❽

×	1	2	3	4	5
8					

❾

×	1	2	3	4	5
8					

❿

×	4	5	6	7	8
8					

정답 97쪽

공부한 날짜	맞힌 개수	걸린 시간
월 일	/24	분

□ 안에 알맞은 수를 써넣으세요.

⑪ $8+8+8+8+8+8$
$=8\times\square=\square$

⑫ $8+8+8+8$
$=8\times\square=\square$

⑬ $8+8+8+8+8+8+8+8$
$=8\times\square=\square$

⑭ $8+8+8$
$=8\times\square=\square$

⑮ $8+8$
$=8\times\square=\square$

⑯ 8
$=8\times\square=\square$

⑰ $8+8+8+8+8+8+8$
$=8\times\square=\square$

⑱ 8
$=8\times\square=\square$

⑲ $8+8+8+8+8+8+8$
$=8\times\square=\square$

⑳ $8+8$
$=8\times\square=\square$

㉑ $8+8+8+8+8$
$=8\times\square=\square$

㉒ $8+8+8+8+8+8+8+8+8$
$=8\times\square=\square$

㉓ $8+8+8+8$
$=8\times\square=\square$

㉔ $8+8+8$
$=8\times\square=\square$

14 8의 단 곱셈구구

복습 B

□ 안에 알맞은 수를 써넣으세요.

❶ $8 \times 5 = 8 \times 4 + \square = \square$

❷ $8 \times 3 = 8 \times 2 + \square = \square$

❸ $8 \times 9 = 8 \times 8 + \square = \square$

❹ $8 \times 6 = 8 \times 5 + \square = \square$

❺ $8 \times 3 = 8 \times 2 + \square = \square$

❻ $8 \times 2 = 8 \times 1 + \square = \square$

❼ $8 \times 7 = 8 \times 6 + \square = \square$

❽ $8 \times 7 = 8 \times 6 + \square = \square$

❾ $8 \times 4 = 8 \times 3 + \square = \square$

❿ $8 \times 8 = 8 \times 7 + \square = \square$

⓫ $8 \times 2 = 8 \times 1 + \square = \square$

⓬ $8 \times 5 = 8 \times 4 + \square = \square$

⓭ $8 \times 9 = 8 \times 8 + \square = \square$

⓮ $8 \times 4 = 8 \times 3 + \square = \square$

정답 97쪽

공부한 날짜	맞힌 개수	걸린 시간
월 일	/35	분

계산을 하세요.

⑮ $8 \times 2 =$ □

⑯ $8 \times 5 =$ □

⑰ $8 \times 7 =$ □

⑱ $8 \times 1 =$ □

⑲ $8 \times 3 =$ □

⑳ $8 \times 2 =$ □

㉑ $8 \times 9 =$ □

㉒ $8 \times 9 =$ □

㉓ $8 \times 8 =$ □

㉔ $8 \times 4 =$ □

㉕ $8 \times 5 =$ □

㉖ $8 \times 4 =$ □

㉗ $8 \times 8 =$ □

㉘ $8 \times 7 =$ □

㉙ $8 \times 6 =$ □

㉚ $8 \times 2 =$ □

㉛ $8 \times 6 =$ □

㉜ $8 \times 1 =$ □

㉝ $8 \times 7 =$ □

㉞ $8 \times 4 =$ □

㉟ $8 \times 3 =$ □

15 9의 단 곱셈구구

복습 A

빈칸에 알맞은 수를 써넣으세요.

1

×	2	3	4	5	6
9					

+9 +9 +9 +9

2

×	4	5	6	7	8
9					

3

×	5	6	7	8	9
9					

4

×	4	5	6	7	8
9					

5

×	3	4	5	6	7
9					

6

×	3	4	5	6	7
9					

7

×	1	2	3	4	5
9					

8

×	1	2	3	4	5
9					

9

×	2	3	4	5	6
9					

10

×	5	6	7	8	9
9					

정답 97쪽

공부한 날짜	맞힌 개수	걸린 시간
월 일	/24	분

□ 안에 알맞은 수를 써넣으세요.

⑪ $9+9$
$=9\times\square=\square$

⑫ $9+9+9+9+9+9$
$=9\times\square=\square$

⑬ $9+9+9$
$=9\times\square=\square$

⑭ 9
$=9\times\square=\square$

⑮ $9+9+9+9+9+9+9$
$=9\times\square=\square$

⑯ $9+9+9$
$=9\times\square=\square$

⑰ $9+9+9+9+9+9+9+9$
$=9\times\square=\square$

⑱ $9+9+9+9+9$
$=9\times\square=\square$

⑲ $9+9+9+9$
$=9\times\square=\square$

⑳ 9
$=9\times\square=\square$

㉑ $9+9+9+9+9+9+9+9$
$=9\times\square=\square$

㉒ $9+9+9+9+9+9+9+9+9$
$=9\times\square=\square$

㉓ $9+9+9+9+9$
$=9\times\square=\square$

㉔ $9+9$
$=9\times\square=\square$

16 9의 단 곱셈구구

복습 B

□ 안에 알맞은 수를 써넣으세요.

❶ $9 \times 6 = 9 \times 5 + \square = \square$

❷ $9 \times 3 = 9 \times 2 + \square = \square$

❸ $9 \times 4 = 9 \times 3 + \square = \square$

❹ $9 \times 2 = 9 \times 1 + \square = \square$

❺ $9 \times 8 = 9 \times 7 + \square = \square$

❻ $9 \times 6 = 9 \times 5 + \square = \square$

❼ $9 \times 9 = 9 \times 8 + \square = \square$

❽ $9 \times 5 = 9 \times 4 + \square = \square$

❾ $9 \times 7 = 9 \times 6 + \square = \square$

❿ $9 \times 2 = 9 \times 1 + \square = \square$

⓫ $9 \times 9 = 9 \times 8 + \square = \square$

⓬ $9 \times 4 = 9 \times 3 + \square = \square$

⓭ $9 \times 7 = 9 \times 6 + \square = \square$

⓮ $9 \times 3 = 9 \times 2 + \square = \square$

정답 97쪽

공부한 날짜	맞힌 개수	걸린 시간
월 일	/35	분

계산을 하세요.

⑮ $9 \times 3 =$ □

⑯ $9 \times 6 =$ □

⑰ $9 \times 2 =$ □

⑱ $9 \times 5 =$ □

⑲ $9 \times 4 =$ □

⑳ $9 \times 8 =$ □

㉑ $9 \times 2 =$ □

㉒ $9 \times 2 =$ □

㉓ $9 \times 9 =$ □

㉔ $9 \times 1 =$ □

㉕ $9 \times 3 =$ □

㉖ $9 \times 7 =$ □

㉗ $9 \times 6 =$ □

㉘ $9 \times 4 =$ □

㉙ $9 \times 7 =$ □

㉚ $9 \times 4 =$ □

㉛ $9 \times 8 =$ □

㉜ $9 \times 5 =$ □

㉝ $9 \times 1 =$ □

㉞ $9 \times 9 =$ □

㉟ $9 \times 7 =$ □

17 1의 단 곱셈구구 / 0과 어떤 수의 곱 복습 A

빈칸에 알맞은 수를 써넣으세요.

1

×	2	3	4	5	6
1					

+1 +1 +1 +1

6

×	1	2	3	4	5
0					

0과 어떤 수의 곱은 항상 0이에요.

2

×	4	5	6	7	8
1					

7

×	5	6	7	8	9
0					

3

×	1	2	3	4	5
1					

8

×	2	3	4	5	6
0					

4

×	5	6	7	8	9
1					

9

×	4	5	6	7	8
0					

5

×	1	2	3	4	5
1					

10

×	3	4	5	6	7
0					

정답 98쪽

공부한 날짜	맞힌 개수	걸린 시간
월 일	/24	분

□ 안에 알맞은 수를 써넣으세요.

⑪ $1+1+1+1+1+1+1+1$
$=1\times\square=\square$

⑫ $1+1+1+1+1+1+1$
$=1\times\square=\square$

⑬ $1+1+1+1$
$=1\times\square=\square$

⑭ $1+1$
$=1\times\square=\square$

⑮ $1+1+1+1+1+1+1+1+1$
$=1\times\square=\square$

⑯ $1+1+1+1+1$
$=1\times\square=\square$

⑰ $1+1+1$
$=1\times\square=\square$

⑱ $0+0+0$
$=0\times\square=\square$

⑲ $0+0+0+0$
$=0\times\square=\square$

⑳ $0+0$
$=0\times\square=\square$

㉑ $0+0+0+0+0+0+0$
$=0\times\square=\square$

㉒ $0+0+0+0+0$
$=0\times\square=\square$

㉓ $0+0+0+0+0+0+0+0$
$=0\times\square=\square$

㉔ 0
$=0\times\square=\square$

18 1의 단 곱셈구구 / 0과 어떤 수의 곱

복습 B

◆ □ 안에 알맞은 수를 써넣으세요.

❶ $1 \times 3 = \square$
$3 \times \square = \square$

❷ $1 \times 4 = \square$
$4 \times \square = \square$

❸ $1 \times 9 = \square$
$9 \times \square = \square$

❹ $1 \times 7 = \square$
$7 \times \square = \square$

❺ $1 \times 8 = \square$
$8 \times \square = \square$

❻ $1 \times 2 = \square$
$2 \times \square = \square$

❼ $0 \times 6 = \square$
$6 \times \square = \square$

❽ $0 \times 5 = \square$
$5 \times \square = \square$

❾ $0 \times 2 = \square$
$2 \times \square = \square$

❿ $0 \times 8 = \square$
$8 \times \square = \square$

⓫ $0 \times 1 = \square$
$1 \times \square = \square$

⓬ $0 \times 9 = \square$
$9 \times \square = \square$

정답 98쪽

공부한 날짜	맞힌 개수	걸린 시간
월 일	/33	분

계산을 하세요.

⑬ $1 \times 8 = \square$

⑭ $1 \times 2 = \square$

⑮ $1 \times 9 = \square$

⑯ $1 \times 7 = \square$

⑰ $1 \times 5 = \square$

⑱ $1 \times 4 = \square$

⑲ $1 \times 3 = \square$

⑳ $1 \times 7 = \square$

㉑ $1 \times 6 = \square$

㉒ $1 \times 1 = \square$

㉓ $1 \times 9 = \square$

㉔ $0 \times 3 = \square$

㉕ $0 \times 8 = \square$

㉖ $0 \times 7 = \square$

㉗ $0 \times 4 = \square$

㉘ $0 \times 3 = \square$

㉙ $0 \times 5 = \square$

㉚ $0 \times 2 = \square$

㉛ $0 \times 6 = \square$

㉜ $0 \times 1 = \square$

㉝ $0 \times 9 = \square$

01 길이의 합

복습 A

덧셈을 하세요.

❶

	2 m	30 cm
+	3 m	60 cm

② ①

① 30 cm + 60 cm = 90 cm

② 2 m + 3 m = 5 m

❷

	1 m	10 cm
+	1 m	70 cm

❸

	1 m	30 cm
+	6 m	60 cm

❹

	1 m	30 cm
+	2 m	60 cm

❺

	3 m	20 cm
+	3 m	70 cm

❻

	1 m	10 cm
+	8 m	20 cm

❼

	3 m	10 cm
+	6 m	70 cm

❽

	2 m	20 cm
+	2 m	60 cm

❾

	3 m	10 cm
+	3 m	40 cm

❿

	1 m	20 cm
+	7 m	40 cm

정답 99쪽

공부한 날짜	맞힌 개수	걸린 시간
월 일	/20	분

덧셈을 하세요.

⑪

	2 m	30 cm
+	7 m	30 cm

⑯

	1 m	10 cm
+	3 m	40 cm

⑫

	1 m	20 cm
+	4 m	20 cm

⑰

	3 m	30 cm
+	4 m	60 cm

⑬

	2 m	10 cm
+	4 m	60 cm

⑱

	2 m	20 cm
+	6 m	30 cm

⑭

	1 m	20 cm
+	1 m	40 cm

⑲

	4 m	20 cm
+	5 m	50 cm

⑮

	4 m	20 cm
+	4 m	20 cm

⑳

	2 m	30 cm
+	6 m	30 cm

02 길이의 합

복습 B

덧셈을 하세요.

❶
$$\begin{array}{rrr} & 1\,\text{m} & 30\,\text{cm} \\ + & 1\,\text{m} & 60\,\text{cm} \\ \hline \end{array}$$

❷
$$\begin{array}{rrr} & 6\,\text{m} & 20\,\text{cm} \\ + & 2\,\text{m} & 20\,\text{cm} \\ \hline \end{array}$$

❸
$$\begin{array}{rrr} & 8\,\text{m} & 80\,\text{cm} \\ + & 1\,\text{m} & 10\,\text{cm} \\ \hline \end{array}$$

❹
$$\begin{array}{rrr} & 1\,\text{m} & 70\,\text{cm} \\ + & 1\,\text{m} & 20\,\text{cm} \\ \hline \end{array}$$

❺
$$\begin{array}{rrr} & 2\,\text{m} & 20\,\text{cm} \\ + & 5\,\text{m} & 50\,\text{cm} \\ \hline \end{array}$$

❻
$$\begin{array}{rrr} & 3\,\text{m} & 10\,\text{cm} \\ + & 4\,\text{m} & 20\,\text{cm} \\ \hline \end{array}$$

❼
$$\begin{array}{rrr} & 5\,\text{m} & 40\,\text{cm} \\ + & 1\,\text{m} & 30\,\text{cm} \\ \hline \end{array}$$

❽
$$\begin{array}{rrr} & 2\,\text{m} & 30\,\text{cm} \\ + & 4\,\text{m} & 30\,\text{cm} \\ \hline \end{array}$$

❾
$$\begin{array}{rrr} & 6\,\text{m} & 80\,\text{cm} \\ + & 2\,\text{m} & 10\,\text{cm} \\ \hline \end{array}$$

❿
$$\begin{array}{rrr} & 2\,\text{m} & 10\,\text{cm} \\ + & 2\,\text{m} & 40\,\text{cm} \\ \hline \end{array}$$

정답 99쪽

공부한 날짜	맞힌 개수	걸린 시간
월 일	/20	분

덧셈을 하세요.

⑪
$$\begin{array}{rrr} & 2\,\text{m} & 30\,\text{cm} \\ + & 3\,\text{m} & 30\,\text{cm} \\ \hline \end{array}$$

⑫
$$\begin{array}{rrr} & 2\,\text{m} & 20\,\text{cm} \\ + & 4\,\text{m} & 50\,\text{cm} \\ \hline \end{array}$$

⑬
$$\begin{array}{rrr} & 1\,\text{m} & 20\,\text{cm} \\ + & 1\,\text{m} & 20\,\text{cm} \\ \hline \end{array}$$

⑭
$$\begin{array}{rrr} & 2\,\text{m} & 20\,\text{cm} \\ + & 3\,\text{m} & 60\,\text{cm} \\ \hline \end{array}$$

⑮
$$\begin{array}{rrr} & 8\,\text{m} & 30\,\text{cm} \\ + & 1\,\text{m} & 20\,\text{cm} \\ \hline \end{array}$$

⑯
$$\begin{array}{rrr} & 4\,\text{m} & 30\,\text{cm} \\ + & 1\,\text{m} & 10\,\text{cm} \\ \hline \end{array}$$

⑰
$$\begin{array}{rrr} & 1\,\text{m} & 20\,\text{cm} \\ + & 6\,\text{m} & 20\,\text{cm} \\ \hline \end{array}$$

⑱
$$\begin{array}{rrr} & 7\,\text{m} & 30\,\text{cm} \\ + & 2\,\text{m} & 10\,\text{cm} \\ \hline \end{array}$$

⑲
$$\begin{array}{rrr} & 3\,\text{m} & 10\,\text{cm} \\ + & 3\,\text{m} & 80\,\text{cm} \\ \hline \end{array}$$

⑳
$$\begin{array}{rrr} & 3\,\text{m} & 40\,\text{cm} \\ + & 1\,\text{m} & 20\,\text{cm} \\ \hline \end{array}$$

03 길이의 합

복습 C

덧셈을 하세요.

❶ 3 m 10 cm + 5 m 40 cm

(3m + 5m = 8m, 10cm + 40cm = 50cm)

❷ 3 m 10 cm + 5 m 30 cm

❸ 7 m 30 cm + 1 m 10 cm

❹ 1 m 10 cm + 1 m 40 cm

❺ 3 m 10 cm + 3 m 20 cm

❻ 8 m 40 cm + 1 m 30 cm

❼ 4 m 20 cm + 4 m 70 cm

❽ 1 m 10 cm + 3 m 60 cm

❾ 4 m 70 cm + 1 m 10 cm

❿ 4 m 30 cm + 4 m 50 cm

⓫ 2 m 10 cm + 4 m 30 cm

⓬ 1 m 10 cm + 5 m 20 cm

⓭ 3 m 30 cm + 6 m 40 cm

⓮ 1 m 20 cm + 2 m 70 cm

정답 99쪽

공부한 날짜	맞힌 개수	걸린 시간
월 일	/28	분

덧셈을 하세요.

⑮ 3 m 10 cm + 4 m 40 cm

⑯ 4 m 20 cm + 5 m 40 cm

⑰ 6 m 40 cm + 1 m 10 cm

⑱ 3 m 30 cm + 5 m 60 cm

⑲ 1 m 40 cm + 3 m 40 cm

⑳ 2 m 10 cm + 7 m 70 cm

㉑ 1 m 30 cm + 1 m 50 cm

㉒ 2 m 10 cm + 3 m 60 cm

㉓ 1 m 10 cm + 2 m 40 cm

㉔ 1 m 20 cm + 4 m 40 cm

㉕ 8 m 60 cm + 1 m 10 cm

㉖ 2 m 10 cm + 5 m 50 cm

㉗ 1 m 20 cm + 5 m 40 cm

㉘ 3 m 30 cm + 6 m 30 cm

04 길이의 차

복습 A

빼셈을 하세요.

❶

	9 m	30 cm
−	6 m	10 cm

② ①

① 30 cm − 10 cm = 20 cm
② 9 m − 6 m = 3 m

❻

	7 m	30 cm
−	2 m	20 cm

❷

	6 m	30 cm
−	3 m	20 cm

❼

	6 m	50 cm
−	1 m	20 cm

❸

	9 m	60 cm
−	7 m	20 cm

❽

	5 m	30 cm
−	2 m	20 cm

❹

	6 m	70 cm
−	2 m	10 cm

❾

	4 m	50 cm
−	1 m	20 cm

❺

	7 m	50 cm
−	1 m	20 cm

❿

	5 m	70 cm
−	3 m	10 cm

정답 99쪽

공부한 날짜	맞힌 개수	걸린 시간
월 일	/20	분

빨셈을 하세요.

⑪

	6 m	30 cm
−	2 m	10 cm

⑫

	9 m	40 cm
−	6 m	20 cm

⑬

	9 m	30 cm
−	7 m	20 cm

⑭

	5 m	30 cm
−	2 m	10 cm

⑮

	7 m	40 cm
−	2 m	30 cm

⑯

	3 m	30 cm
−	1 m	10 cm

⑰

	5 m	70 cm
−	3 m	20 cm

⑱

	6 m	60 cm
−	3 m	30 cm

⑲

	8 m	70 cm
−	1 m	10 cm

⑳

	6 m	70 cm
−	2 m	20 cm

05 길이의 차

복습 B

빼셈을 하세요.

❶
$$\begin{array}{rrr} & 7\,m & 80\,cm \\ - & 2\,m & 10\,cm \\ \hline \end{array}$$

❷
$$\begin{array}{rrr} & 4\,m & 20\,cm \\ - & 2\,m & 10\,cm \\ \hline \end{array}$$

❸
$$\begin{array}{rrr} & 6\,m & 50\,cm \\ - & 1\,m & 40\,cm \\ \hline \end{array}$$

❹
$$\begin{array}{rrr} & 9\,m & 60\,cm \\ - & 7\,m & 10\,cm \\ \hline \end{array}$$

❺
$$\begin{array}{rrr} & 5\,m & 30\,cm \\ - & 3\,m & 20\,cm \\ \hline \end{array}$$

❻
$$\begin{array}{rrr} & 5\,m & 60\,cm \\ - & 2\,m & 10\,cm \\ \hline \end{array}$$

❼
$$\begin{array}{rrr} & 9\,m & 50\,cm \\ - & 6\,m & 10\,cm \\ \hline \end{array}$$

❽
$$\begin{array}{rrr} & 6\,m & 40\,cm \\ - & 3\,m & 20\,cm \\ \hline \end{array}$$

❾
$$\begin{array}{rrr} & 6\,m & 50\,cm \\ - & 2\,m & 10\,cm \\ \hline \end{array}$$

❿
$$\begin{array}{rrr} & 5\,m & 30\,cm \\ - & 1\,m & 10\,cm \\ \hline \end{array}$$

정답 100쪽

공부한 날짜	맞힌 개수	걸린 시간
월 일	/20	분

빼셈을 하세요.

⑪
$$\begin{array}{rrr} & 9\,\text{m} & 50\,\text{cm} \\ - & 7\,\text{m} & 20\,\text{cm} \\ \hline \end{array}$$

⑫
$$\begin{array}{rrr} & 4\,\text{m} & 20\,\text{cm} \\ - & 1\,\text{m} & 10\,\text{cm} \\ \hline \end{array}$$

⑬
$$\begin{array}{rrr} & 7\,\text{m} & 60\,\text{cm} \\ - & 1\,\text{m} & 10\,\text{cm} \\ \hline \end{array}$$

⑭
$$\begin{array}{rrr} & 4\,\text{m} & 50\,\text{cm} \\ - & 2\,\text{m} & 10\,\text{cm} \\ \hline \end{array}$$

⑮
$$\begin{array}{rrr} & 7\,\text{m} & 20\,\text{cm} \\ - & 2\,\text{m} & 10\,\text{cm} \\ \hline \end{array}$$

⑯
$$\begin{array}{rrr} & 5\,\text{m} & 20\,\text{cm} \\ - & 3\,\text{m} & 10\,\text{cm} \\ \hline \end{array}$$

⑰
$$\begin{array}{rrr} & 5\,\text{m} & 60\,\text{cm} \\ - & 2\,\text{m} & 20\,\text{cm} \\ \hline \end{array}$$

⑱
$$\begin{array}{rrr} & 5\,\text{m} & 40\,\text{cm} \\ - & 1\,\text{m} & 10\,\text{cm} \\ \hline \end{array}$$

⑲
$$\begin{array}{rrr} & 9\,\text{m} & 80\,\text{cm} \\ - & 6\,\text{m} & 10\,\text{cm} \\ \hline \end{array}$$

⑳
$$\begin{array}{rrr} & 6\,\text{m} & 30\,\text{cm} \\ - & 1\,\text{m} & 10\,\text{cm} \\ \hline \end{array}$$

06 길이의 차

복습 C

빼셈을 하세요.

❶ 6 m 50 cm − 3 m 20 cm

6m − 3m = 3m

50cm − 20cm = 30cm

❷ 6 m 40 cm − 2 m 30 cm

❸ 9 m 70 cm − 7 m 20 cm

❹ 8 m 50 cm − 5 m 10 cm

❺ 9 m 50 cm − 6 m 40 cm

❻ 3 m 70 cm − 1 m 10 cm

❼ 7 m 60 cm − 1 m 30 cm

❽ 6 m 80 cm − 1 m 10 cm

❾ 5 m 50 cm − 3 m 30 cm

❿ 8 m 30 cm − 1 m 10 cm

⓫ 8 m 30 cm − 6 m 10 cm

⓬ 3 m 50 cm − 1 m 40 cm

⓭ 6 m 60 cm − 3 m 20 cm

⓮ 8 m 40 cm − 6 m 30 cm

정답 100쪽

공부한 날짜	맞힌 개수	걸린 시간
월 일	/28	분

빨셈을 하세요.

⑮ 7 m 60 cm − 2 m 10 cm

⑯ 7 m 60 cm − 2 m 20 cm

⑰ 8 m 80 cm − 6 m 10 cm

⑱ 6 m 60 cm − 2 m 20 cm

⑲ 9 m 60 cm − 6 m 10 cm

⑳ 5 m 50 cm − 2 m 30 cm

㉑ 8 m 50 cm − 1 m 10 cm

㉒ 8 m 50 cm − 1 m 30 cm

㉓ 5 m 70 cm − 1 m 20 cm

㉔ 5 m 60 cm − 3 m 20 cm

㉕ 4 m 50 cm − 2 m 30 cm

㉖ 8 m 40 cm − 5 m 20 cm

㉗ 9 m 40 cm − 7 m 10 cm

㉘ 6 m 70 cm − 3 m 20 cm

01 시각 읽기

복습 A

◈ 시계를 보고 □ 안에 알맞은 수를 써넣으세요.

❶

□ 시 □ 분

❷

□ 시 □ 분

❸

□ 시 □ 분

❹

□ 시 □ 분

❺

□ 시 □ 분

❻

□ 시 □ 분

❼

□ 시 □ 분

❽

□ 시 □ 분

❾

□ 시 □ 분

❿

□ 시 □ 분

⓫

□ 시 □ 분

⓬

□ 시 □ 분

정답 101쪽

공부한 날짜	맞힌 개수	걸린 시간
월 일	/24	분

시계를 보고 ☐ 안에 알맞은 수를 써넣으세요.

13

☐ 시 ☐ 분

14

☐ 시 ☐ 분

15

☐ 시 ☐ 분

16

☐ 시 ☐ 분

17

☐ 시 ☐ 분

18

☐ 시 ☐ 분

19

☐ 시 ☐ 분

20

☐ 시 ☐ 분

21

☐ 시 ☐ 분

22

☐ 시 ☐ 분

23

☐ 시 ☐ 분

24

☐ 시 ☐ 분

02 시각 읽기

복습 B

◈ 시계를 보고 두 가지 방법으로 읽어 보세요.

1

☐ 시 ☐ 분

☐ 시 ☐ 분 전

2

☐ 시 ☐ 분

☐ 시 ☐ 분 전

3

☐ 시 ☐ 분

☐ 시 ☐ 분 전

4

☐ 시 ☐ 분

☐ 시 ☐ 분 전

5

☐ 시 ☐ 분

☐ 시 ☐ 분 전

6

☐ 시 ☐ 분

☐ 시 ☐ 분 전

7

☐ 시 ☐ 분

☐ 시 ☐ 분 전

8

☐ 시 ☐ 분

☐ 시 ☐ 분 전

9

☐ 시 ☐ 분

☐ 시 ☐ 분 전

10

☐ 시 ☐ 분

☐ 시 ☐ 분 전

11

☐ 시 ☐ 분

☐ 시 ☐ 분 전

12

☐ 시 ☐ 분

☐ 시 ☐ 분 전

정답 101쪽

공부한 날짜	맞힌 개수	걸린 시간
월 일	/24	분

시계를 보고 □ 안에 알맞은 수를 써넣으세요.

13

□ 시 □ 분 전

17

□ 시 □ 분 전

21

□ 시 □ 분 전

14

□ 시 □ 분 전

18

□ 시 □ 분 전

22

□ 시 □ 분 전

15

□ 시 □ 분 전

19

□ 시 □ 분 전

23

□ 시 □ 분 전

16

□ 시 □ 분 전

20

□ 시 □ 분 전

24

□ 시 □ 분 전

03 시각과 분 사이의 관계

복습 A

□ 안에 알맞은 수를 써넣으세요.

❶ 8시간 = □분

1시간은 60분이에요.

❷ 2시간 20분 = □분

❸ 3시간 40분 = □분

❹ 9시간 30분 = □분

❺ 8시간 30분 = □분

❻ 1시간 25분 = □분

❼ 4시간 40분 = □분

❽ 1시간 12분 = □분

❾ 1시간 31분 = □분

❿ 5시간 = □분

⓫ 1시간 10분 = □분

⓬ 6시간 30분 = □분

⓭ 6시간 40분 = □분

⓮ 8시간 10분 = □분

정답 101쪽

공부한 날짜	맞힌 개수	걸린 시간
월 일	/28	분

◈ □ 안에 알맞은 수를 써넣으세요.

⑮ 9시간 20분 = □분

⑯ 1시간 11분 = □분

⑰ 1시간 18분 = □분

⑱ 1시간 24분 = □분

⑲ 1시간 36분 = □분

⑳ 5시간 20분 = □분

㉑ 6시간 20분 = □분

㉒ 2시간 30분 = □분

㉓ 7시간 40분 = □분

㉔ 3시간 10분 = □분

㉕ 4시간 10분 = □분

㉖ 9시간 40분 = □분

㉗ 3시간 50분 = □분

㉘ 1시간 21분 = □분

04 시각과 분 사이의 관계

복습 B

□ 안에 알맞은 수를 써넣으세요.

❶ 160분 = □시간 □분

60분은 1시간이에요.

❷ 590분 = □시간 □분

❸ 310분 = □시간 □분

❹ 290분 = □시간 □분

❺ 500분 = □시간 □분

❻ 270분 = □시간 □분

❼ 77분 = □시간 □분

❽ 74분 = □시간 □분

❾ 83분 = □시간 □분

❿ 130분 = □시간 □분

⓫ 420분 = □시간

⓬ 540분 = □시간

⓭ 440분 = □시간 □분

⓮ 360분 = □시간

➲ 정답 101쪽

공부한 날짜	맞힌 개수	걸린 시간
월 일	/28	분

◈ □ 안에 알맞은 수를 써넣으세요.

⑮ 180분 = □시간

⑯ 98분 = □시간 □분

⑰ 490분 = □시간 □분

⑱ 450분 = □시간 □분

⑲ 390분 = □시간 □분

⑳ 570분 = □시간 □분

㉑ 140분 = □시간 □분

㉒ 75분 = □시간 □분

㉓ 510분 = □시간 □분

㉔ 85분 = □시간 □분

㉕ 70분 = □시간 □분

㉖ 89분 = □시간 □분

㉗ 480분 = □시간

㉘ 170분 = □시간 □분

05 하루의 시간

복습 A

□ 안에 알맞은 수를 써넣으세요.

❶ 3일 21시간 = □시간

1일은 24시간이에요.

❷ 1일 3시간 = □시간

❸ 1일 10시간 = □시간

❹ 3일 12시간 = □시간

❺ 3일 6시간 = □시간

❻ 3일 14시간 = □시간

❼ 2일 3시간 = □시간

❽ 1일 21시간 = □시간

❾ 2일 15시간 = □시간

❿ 3일 3시간 = □시간

⓫ 1일 17시간 = □시간

⓬ 2일 22시간 = □시간

⓭ 3일 22시간 = □시간

⓮ 1일 15시간 = □시간

정답 102쪽

공부한 날짜	맞힌 개수	걸린 시간
월 일	/28	분

□ 안에 알맞은 수를 써넣으세요.

⑮ 3일 7시간 = □시간

⑯ 3일 8시간 = □시간

⑰ 1일 6시간 = □시간

⑱ 3일 19시간 = □시간

⑲ 4일 1시간 = □시간

⑳ 2일 = □시간

㉑ 2일 16시간 = □시간

㉒ 1일 11시간 = □시간

㉓ 2일 12시간 = □시간

㉔ 1일 1시간 = □시간

㉕ 1일 23시간 = □시간

㉖ 3일 11시간 = □시간

㉗ 3일 17시간 = □시간

㉘ 2일 8시간 = □시간

06 하루의 시간

복습 B

□ 안에 알맞은 수를 써넣으세요.

1. 50시간 = □일 □시간
   24시간은 1일이에요.
2. 65시간 = □일 □시간
3. 54시간 = □일 □시간
4. 85시간 = □일 □시간
5. 96시간 = □일
6. 94시간 = □일 □시간
7. 37시간 = □일 □시간
8. 29시간 = □일 □시간
9. 88시간 = □일 □시간
10. 42시간 = □일 □시간
11. 68시간 = □일 □시간
12. 70시간 = □일 □시간
13. 63시간 = □일 □시간
14. 84시간 = □일 □시간

정답 102쪽

공부한 날짜	맞힌 개수	걸린 시간
월 일	/30	분

☐ 안에 알맞은 수를 써넣으세요.

⑮ 39시간 = ☐일 ☐시간

⑯ 75시간 = ☐일 ☐시간

⑰ 27시간 = ☐일 ☐시간

⑱ 45시간 = ☐일 ☐시간

⑲ 34시간 = ☐일 ☐시간

⑳ 25시간 = ☐일 ☐시간

㉑ 60시간 = ☐일 ☐시간

㉒ 47시간 = ☐일 ☐시간

㉓ 69시간 = ☐일 ☐시간

㉔ 86시간 = ☐일 ☐시간

㉕ 58시간 = ☐일 ☐시간

㉖ 41시간 = ☐일 ☐시간

㉗ 97시간 = ☐일 ☐시간

㉘ 30시간 = ☐일 ☐시간

㉙ 59시간 = ☐일 ☐시간

㉚ 56시간 = ☐일 ☐시간

07 1주일 알기

복습 A

☐ 안에 알맞은 수를 써넣으세요.

❶ 1주 2일 = ☐일

1주일은 7일이에요.

❷ 6주 1일 = ☐일

❸ 8주 3일 = ☐일

❹ 4주 1일 = ☐일

❺ 4주 6일 = ☐일

❻ 7주 2일 = ☐일

❼ 2주 4일 = ☐일

❽ 1주 4일 = ☐일

❾ 2주 2일 = ☐일

❿ 5주 4일 = ☐일

⓫ 2주 5일 = ☐일

⓬ 8주 1일 = ☐일

⓭ 8주 2일 = ☐일

⓮ 5주 3일 = ☐일

정답 102쪽

공부한 날짜	맞힌 개수	걸린 시간
월 일	/28	분

□ 안에 알맞은 수를 써넣으세요.

⑮ 4주 4일 = □일

⑯ 5주 6일 = □일

⑰ 2주 = □일

⑱ 2주 6일 = □일

⑲ 5주 = □일

⑳ 6주 5일 = □일

㉑ 3주 1일 = □일

㉒ 5주 5일 = □일

㉓ 7주 5일 = □일

㉔ 1주 5일 = □일

㉕ 7주 = □일

㉖ 3주 2일 = □일

㉗ 1주 1일 = □일

㉘ 6주 4일 = □일

08 1주일 알기

복습 B

□ 안에 알맞은 수를 써넣으세요.

❶ 16일 = □주 □일

7일은 1주일이에요.

❷ 57일 = □주 □일

❸ 26일 = □주 □일

❹ 45일 = □주 □일

❺ 41일 = □주 □일

❻ 22일 = □주 □일

❼ 38일 = □주 □일

❽ 59일 = □주 □일

❾ 18일 = □주 □일

❿ 58일 = □주 □일

⓫ 19일 = □주 □일

⓬ 34일 = □주 □일

⓭ 23일 = □주 □일

⓮ 37일 = □주 □일

정답 102쪽

공부한 날짜	맞힌 개수	걸린 시간
월 일	/28	분

□ 안에 알맞은 수를 써넣으세요.

⑮ 40일 = □주 □일

⑯ 28일 = □주

⑰ 54일 = □주 □일

⑱ 49일 = □주

⑲ 35일 = □주

⑳ 32일 = □주 □일

㉑ 42일 = □주

㉒ 47일 = □주 □일

㉓ 14일 = □주

㉔ 12일 = □주 □일

㉕ 54일 = □주 □일

㉖ 8일 = □주 □일

㉗ 46일 = □주 □일

㉘ 22일 = □주 □일

09 달력 알기

복습 A

달력을 보고 빈칸에 알맞은 수를 써넣으세요.

①

일	월	화	수	목	금	토
		1	2			5
6	7	8				12
13	14	15			18	19
20	21	22	23	24	25	26
27	28	29	30	31		

②

일	월	화	수	목	금	토
			1	2	3	4
			8	9		
12	13	14	15	16	17	18
19	20			23	24	25
26	27	28	29		31	

③

일	월	화	수	목	금	토
1	2	3	4		6	7
	9	10	11		13	
	16	17	18	19	20	
	23	24	25	26	27	28
29	30					

④

일	월	화	수	목	금	토
					1	2
3	4	5	6	7	8	9
		12	13			16
17				21	22	23
24	25	26	27	28	29	30

⑤

일	월	화	수	목	금	토
					1	2
3	4	5		7	8	9
10	11		13	14	15	16
17		19	20	21		23
24	25				29	30
31						

⑥

일	월	화	수	목	금	토
				1		3
	5	6	7		9	10
11		13		15	16	17
18	19		21	22	23	24
25		27	28			

정답 103쪽

공부한 날짜	맞힌 개수	걸린 시간
월 일	/12	분

달력을 보고 빈칸에 알맞은 수를 써넣으세요.

7

일	월	화	수	목	금	토
				1	2	3
	5	6	7	8	9	
11		13	14	15		17
18	19		21		23	24
25	26	27		29	30	

8

일	월	화	수	목	금	토
	1	2		4	5	6
7	8		10		12	13
14		16	17	18		20
	22	23	24	25	26	
28						

9

일	월	화	수	목	금	토
				2	3	4
5	6		8	9		11
12	13	14		16	17	18
19	20		22	23		25
26	27	28		30	31	

10

일	월	화	수	목	금	토
						1
2	3		5	6	7	8
9	10			13	14	15
16	17			20	21	22
23	24			27	28	29
30						

11

일	월	화	수	목	금	토
		1	2	3		5
6		8	9	10	11	
13	14	15	16		18	19
20	21		23	24	25	
	28	29		31		

12

일	월	화	수	목	금	토
			1	2	3	4
	6	7	8	9	10	
12	13		15	16		18
	20	21	22	23	24	
26	27		29	30		

10 달력 알기

복습 B

빈칸에 알맞은 수를 써넣으세요.

❶

월	1	2	3	4	5	6	7	8	9	10	11	12
날수(일)	31	28(29)	31		31	30		31		31		31

❷

월	1	2	3	4	5	6	7	8	9	10	11	12
날수(일)		28(29)		30			31		30	31	30	31

❸

월	1	2	3	4	5	6	7	8	9	10	11	12
날수(일)		28(29)	31		31	30		31	30		30	

❹

월	1	2	3	4	5	6	7	8	9	10	11	12
날수(일)	31	28(29)		30		30	31	31		31		31

❺

월	1	2	3	4	5	6	7	8	9	10	11	12
날수(일)	31	28(29)	31	30	31				30	31		

❻

월	1	2	3	4	5	6	7	8	9	10	11	12
날수(일)		28(29)	31		31	30	31		30			31

정답 103쪽

공부한 날짜	맞힌 개수	걸린 시간
월 일	/22	분

□ 안에 알맞은 수를 써넣으세요.

⑦ 1년 8개월＝□개월

⑧ 1년 6개월＝□개월

⑨ 2년 1개월＝□개월

⑩ 3년 6개월＝□개월

⑪ 1년 7개월＝□개월

⑫ 3년 10개월＝□개월

⑬ 3년 7개월＝□개월

⑭ 1년 1개월＝□개월

⑮ 29개월＝□년 □개월

⑯ 17개월＝□년 □개월

⑰ 44개월＝□년 □개월

⑱ 35개월＝□년 □개월

⑲ 27개월＝□년 □개월

⑳ 40개월＝□년 □개월

㉑ 28개월＝□년 □개월

㉒ 14개월＝□년 □개월

쌍둥이

최우수상

참 잘했어요!

이름 ____________________

위 어린이는 쌍둥이 연산 노트 2학년 2학기 과정을

스스로 꾸준히 훌륭하게 마쳤습니다.

이에 칭찬하여 이 상장을 드립니다.

년　　　월　　　일

정답

초등 4단계

2·2 복습책

6쪽 01 1000, 몇천 알아보기 A

① 1000
② 오천
③ 8000
④ 이천
⑤ 6000
⑥ 사천
⑦ 7000
⑧ 구천
⑨ 1000
⑩ 삼천

7쪽

⑪ 9000
⑫ 2000
⑬ 8000
⑭ 3000
⑮ 5000
⑯ 7000
⑰ 6000
⑱ 5000
⑲ 9000
⑳ 1000
㉑ 3000
㉒ 2000
㉓ 6000
㉔ 4000

8쪽 02 네 자리 수 알아보기 A

① 9783, 구천칠백팔십삼
② 5459, 오천사백오십구
③ 6459, 육천사백오십구
④ 1515, 천오백십오
⑤ 7583, 칠천오백팔십삼
⑥ 3715, 삼천칠백십오
⑦ 8583, 팔천오백팔십삼

9쪽

⑧ 9848
⑨ 1448
⑩ 9115
⑪ 6837
⑫ 7994
⑬ 6, 6, 5, 9
⑭ 8, 6, 6, 1
⑮ 3, 9, 7, 2
⑯ 2, 7, 1, 5
⑰ 5, 5, 1, 5

10쪽 03 각 자리의 숫자 알아보기 A

① 3, 2, 7, 2 / 3, 2, 7, 2
② 4, 3, 2, 6 / 4, 3, 2, 6
③ 6, 3, 9, 4 / 6, 3, 9, 4
④ 5, 2, 6, 1 / 5, 2, 6, 1
⑤ 1, 6, 4, 8 / 1, 6, 4, 8
⑥ 8, 8, 4, 8 / 8, 8, 4, 8

11쪽

⑦ 7, 4, 5, 9
⑧ 1, 7, 9, 4
⑨ 9, 6, 5, 9
⑩ 5, 9, 6, 1
⑪ 2, 3, 1, 5
⑫ 4, 5, 1, 5
⑬ 5, 9, 9, 4
⑭ 1, 9, 7, 2
⑮ 9, 2, 5, 9
⑯ 6, 8, 2, 6

12쪽 04 각 자리의 숫자 알아보기 B

① 80, 3
② 7000, 10
③ 400, 40
④ 4000, 800
⑤ 7000, 4
⑥ 500, 80
⑦ 600, 7
⑧ 3000, 2
⑨ 800, 8
⑩ 70, 2
⑪ 200, 2
⑫ 1000, 50
⑬ 8000, 3
⑭ 700, 80

13쪽

⑮ 9961
⑯ 3859
⑰ 7283
⑱ 2272
⑲ 4772
⑳ 6772
㉑ 1461
㉒ 1526
㉓ 4583
㉔ 5326
㉕ 9326
㉖ 2848
㉗ 5526
㉘ 8448

14쪽 05 뛰어 세기 A

① 4593, 4597, 4598
② 9148, 9248, 9448
③ 3826, 3866, 3886
④ 3137, 4137, 6137
⑤ 6356, 6386, 6396
⑥ 5662, 5665, 5668
⑦ 2794, 4794, 8794

15쪽

⑧ 1326, 4326
⑨ 4859, 5859
⑩ 2337, 3337
⑪ 5383, 5683
⑫ 3337, 3637
⑬ 8273, 8275
⑭ 2261, 4261
⑮ 9459, 9659
⑯ 2395, 2397
⑰ 7983, 7987
⑱ 3126, 3136
⑲ 6463, 6464
⑳ 1662, 1663
㉑ 5237, 5537

16쪽 06 뛰어 세기 B

① 5972, 5872, 5672
② 7983, 5983, 2983
③ 4683, 4483, 4383
④ 3983, 3583, 3383
⑤ 8783, 7783, 4783
⑥ 7678, 7638, 7608
⑦ 6261, 5261, 3261

17쪽

⑧ 5488, 5458
⑨ 6326, 2326
⑩ 9463, 9461
⑪ 6559, 6459
⑫ 3774, 3773
⑬ 5983, 4983
⑭ 1745, 1735
⑮ 3584, 3583
⑯ 9883, 9583
⑰ 1963, 1962
⑱ 8965, 8962
⑲ 5877, 5837
⑳ 5459, 3459
㉑ 6668, 6468

18쪽 07 두 수의 크기 비교 A

① 5, 8, 4, 2 / 6, 0, 5, 3 / <
② 1, 6, 2, 9 / 7, 7, 3, 1 / <
③ 7, 0, 6, 4 / 3, 6, 2, 9 / >
④ 2, 2, 7, 5 / 4, 1, 6, 4 / <
⑤ 2, 6, 2, 9 / 3, 9, 5, 3 / <
⑥ 8, 7, 3, 1 / 5, 4, 9, 7 / >
⑦ 8, 2, 7, 5 / 7, 5, 1, 8 / >
⑧ 5, 1, 6, 4 / 4, 8, 0, 2 / >

19쪽

⑨ <
⑩ <
⑪ <
⑫ <
⑬ >
⑭ <
⑮ >
⑯ <
⑰ >
⑱ >
⑲ >
⑳ >
㉑ <
㉒ <

20쪽 08 두 수의 크기 비교 B

① 4, 0, 8, 6 / 4, 1, 6, 4 / <
② 2, 9, 5, 3 / 2, 5, 1, 8 / >
③ 8, 6, 2, 9 / 8, 7, 3, 1 / <
④ 1, 3, 8, 6 / 1, 7, 3, 1 / <
⑤ 6, 1, 6, 4 / 6, 8, 4, 2 / <
⑥ 9, 8, 4, 2 / 9, 7, 3, 1 / >
⑦ 3, 7, 3, 1 / 3, 6, 0, 9 / >
⑧ 5, 4, 9, 7 / 5, 6, 2, 9 / <

21쪽

⑨ >
⑩ >
⑪ >
⑫ <
⑬ <
⑭ <
⑮ >
⑯ >
⑰ >
⑱ <
⑲ >
⑳ <
㉑ >
㉒ >

22쪽 01 2의 단 곱셈구구 A

❶ 6, 8, 10, 12, 14
❷ 8, 10, 12, 14, 16
❸ 4, 6, 8, 10, 12
❹ 10, 12, 14, 16, 18
❺ 8, 10, 12, 14, 16
❻ 10, 12, 14, 16, 18
❼ 2, 4, 6, 8, 10
❽ 8, 10, 12, 14, 16
❾ 2, 4, 6, 8, 10
❿ 4, 6, 8, 10, 12

23쪽

⓫ 7, 14
⓬ 1, 2
⓭ 3, 6
⓮ 6, 12
⓯ 4, 8
⓰ 2, 4
⓱ 2, 4
⓲ 3, 6
⓳ 4, 8
⓴ 9, 18
㉑ 8, 16
㉒ 5, 10

24쪽 02 2의 단 곱셈구구 B

❶ 2, 16
❷ 2, 14
❸ 2, 4
❹ 2, 16
❺ 2, 12
❻ 2, 10
❼ 2, 8
❽ 2, 4
❾ 2, 18
❿ 2, 6
⓫ 2, 8
⓬ 2, 14
⓭ 2, 12
⓮ 2, 18

25쪽

⓯ 14
⓰ 6
⓱ 2
⓲ 18
⓳ 10
⓴ 18
㉑ 8
㉒ 4
㉓ 16
㉔ 18
㉕ 14
㉖ 4
㉗ 12
㉘ 16
㉙ 8
㉚ 6
㉛ 14
㉜ 2
㉝ 12
㉞ 8
㉟ 10

26쪽 03 3의 단 곱셈구구 A

❶ 3, 6, 9, 12, 15
❷ 9, 12, 15, 18, 21
❸ 12, 15, 18, 21, 24
❹ 15, 18, 21, 24, 27
❺ 6, 9, 12, 15, 18
❻ 6, 9, 12, 15, 18
❼ 15, 18, 21, 24, 27
❽ 3, 6, 9, 12, 15
❾ 9, 12, 15, 18, 21
❿ 12, 15, 18, 21, 24

27쪽

⓫ 2, 6
⓬ 7, 21
⓭ 1, 3
⓮ 6, 18
⓯ 5, 15
⓰ 3, 9
⓱ 1, 3
⓲ 5, 15
⓳ 4, 12
⓴ 6, 18
㉑ 2, 6
㉒ 9, 27
㉓ 8, 24
㉔ 3, 9

28쪽 04 3의 단 곱셈구구 B

❶ 3, 24
❷ 3, 6
❸ 3, 18
❹ 3, 9
❺ 3, 6
❻ 3, 15
❼ 3, 9
❽ 3, 21
❾ 3, 27
❿ 3, 15
⓫ 3, 12
⓬ 3, 18
⓭ 3, 12
⓮ 3, 6

29쪽

⓯ 15
⓰ 27
⓱ 12
⓲ 24
⓳ 12
⓴ 27
㉑ 6
㉒ 6
㉓ 24
㉔ 3
㉕ 21
㉖ 15
㉗ 9
㉘ 21
㉙ 3
㉚ 15
㉛ 9
㉜ 18
㉝ 27
㉞ 18
㉟ 24

30쪽 05 4의 단 곱셈구구 A

❶ 12, 16, 20, 24, 28
❷ 8, 12, 16, 20, 24
❸ 12, 16, 20, 24, 28
❹ 4, 8, 12, 16, 20
❺ 8, 12, 16, 20, 24
❻ 20, 24, 28, 32, 36
❼ 4, 8, 12, 16, 20
❽ 16, 20, 24, 28, 32
❾ 8, 12, 16, 20, 24
❿ 20, 24, 28, 32, 36

31쪽

⓫ 4, 16
⓬ 2, 8
⓭ 4, 16
⓮ 2, 8
⓯ 1, 4
⓰ 6, 24
⓱ 8, 32
⓲ 9, 36
⓳ 1, 4
⓴ 3, 12
㉑ 5, 20
㉒ 7, 28
㉓ 3, 12
㉔ 5, 20

32쪽 06 4의 단 곱셈구구 B

❶ 4, 16
❷ 4, 32
❸ 4, 20
❹ 4, 32
❺ 4, 8
❻ 4, 12
❼ 4, 16
❽ 4, 24
❾ 4, 8
❿ 4, 12
⓫ 4, 28
⓬ 4, 24
⓭ 4, 36
⓮ 4, 20

33쪽

⓯ 16
⓰ 32
⓱ 28
⓲ 32
⓳ 8
⓴ 28
㉑ 12
㉒ 8
㉓ 20
㉔ 4
㉕ 36
㉖ 16
㉗ 4
㉘ 20
㉙ 12
㉚ 24
㉛ 8
㉜ 12
㉝ 24
㉞ 20
㉟ 36

34쪽 07 5의 단 곱셈구구 A

❶ 10, 15, 20, 25, 30
❷ 20, 25, 30, 35, 40
❸ 5, 10, 15, 20, 25
❹ 15, 20, 25, 30, 35
❺ 5, 10, 15, 20, 25
❻ 15, 20, 25, 30, 35
❼ 5, 10, 15, 20, 25
❽ 10, 15, 20, 25, 30
❾ 25, 30, 35, 40, 45
❿ 10, 15, 20, 25, 30

35쪽

⓫ 5, 25
⓬ 9, 45
⓭ 1, 5
⓮ 2, 10
⓯ 6, 30
⓰ 7, 35
⓱ 4, 20
⓲ 1, 5
⓳ 3, 15
⓴ 6, 30
㉑ 5, 25
㉒ 4, 20
㉓ 8, 40
㉔ 2, 10

36쪽 08 5의 단 곱셈구구 B

❶ 5, 35
❷ 5, 25
❸ 5, 30
❹ 5, 15
❺ 5, 40
❻ 5, 10
❼ 5, 15
❽ 5, 10
❾ 5, 40
❿ 5, 20
⓫ 5, 30
⓬ 5, 45
⓭ 5, 35
⓮ 5, 25

37쪽

⓯ 20
⓰ 5
⓱ 20
⓲ 35
⓳ 25
⓴ 30
㉑ 20
㉒ 25
㉓ 10
㉔ 45
㉕ 5
㉖ 15
㉗ 15
㉘ 35
㉙ 40
㉚ 30
㉛ 15
㉜ 45
㉝ 40
㉞ 25
㉟ 10

38쪽 09 6의 단 곱셈구구 (A)

❶ 12, 18, 24, 30, 36
❷ 18, 24, 30, 36, 42
❸ 30, 36, 42, 48, 54
❹ 24, 30, 36, 42, 48
❺ 6, 12, 18, 24, 30
❻ 24, 30, 36, 42, 48
❼ 6, 12, 18, 24, 30
❽ 12, 18, 24, 30, 36
❾ 18, 24, 30, 36, 42
❿ 30, 36, 42, 48, 54

39쪽

⓫ 9, 54
⓬ 1, 6
⓭ 4, 24
⓮ 8, 48
⓯ 6, 36
⓰ 7, 42
⓱ 2, 12
⓲ 3, 18
⓳ 5, 30
⓴ 8, 48
㉑ 5, 30
㉒ 1, 6
㉓ 3, 18
㉔ 4, 24

40쪽 10 6의 단 곱셈구구 (B)

❶ 6, 42
❷ 6, 24
❸ 6, 12
❹ 6, 54
❺ 6, 48
❻ 6, 30
❼ 6, 18
❽ 6, 48
❾ 6, 30
❿ 6, 36
⓫ 6, 12
⓬ 6, 18
⓭ 6, 42
⓮ 6, 54

41쪽

⓯ 30
⓰ 42
⓱ 48
⓲ 24
⓳ 48
⓴ 18
㉑ 12
㉒ 12
㉓ 54
㉔ 30
㉕ 36
㉖ 42
㉗ 24
㉘ 36
㉙ 6
㉚ 24
㉛ 18
㉜ 48
㉝ 54
㉞ 6
㉟ 42

42쪽 11 7의 단 곱셈구구 (A)

❶ 28, 35, 42, 49, 56
❷ 35, 42, 49, 56, 63
❸ 14, 21, 28, 35, 42
❹ 21, 28, 35, 42, 49
❺ 7, 14, 21, 28, 35
❻ 14, 21, 28, 35, 42
❼ 21, 28, 35, 42, 49
❽ 7, 14, 21, 28, 35
❾ 14, 21, 28, 35, 42
❿ 35, 42, 49, 56, 63

43쪽

⓫ 3, 21
⓬ 9, 63
⓭ 6, 42
⓮ 8, 56
⓯ 7, 49
⓰ 6, 42
⓱ 8, 56
⓲ 5, 35
⓳ 2, 14
⓴ 4, 28
㉑ 3, 21
㉒ 1, 7
㉓ 4, 28
㉔ 9, 63

44쪽 12 7의 단 곱셈구구 (B)

❶ 7, 28
❷ 7, 42
❸ 7, 63
❹ 7, 56
❺ 7, 21
❻ 7, 28
❼ 7, 21
❽ 7, 56
❾ 7, 14
❿ 7, 35
⓫ 7, 49
⓬ 7, 63
⓭ 7, 35
⓮ 7, 49

45쪽

⓯ 56
⓰ 35
⓱ 63
⓲ 49
⓳ 21
⓴ 28
㉑ 42
㉒ 7
㉓ 14
㉔ 42
㉕ 21
㉖ 14
㉗ 49
㉘ 35
㉙ 28
㉚ 42
㉛ 56
㉜ 35
㉝ 63
㉞ 56
㉟ 7

46쪽 13 8의 단 곱셈구구 A

❶ 8, 16, 24, 32, 40
❷ 32, 40, 48, 56, 64
❸ 24, 32, 40, 48, 56
❹ 16, 24, 32, 40, 48
❺ 16, 24, 32, 40, 48
❻ 40, 48, 56, 64, 72
❼ 16, 24, 32, 40, 48
❽ 8, 16, 24, 32, 40
❾ 8, 16, 24, 32, 40
❿ 32, 40, 48, 56, 64

47쪽

⑪ 6, 48
⑫ 4, 32
⑬ 8, 64
⑭ 3, 24
⑮ 2, 16
⑯ 1, 8
⑰ 7, 56
⑱ 1, 8
⑲ 7, 56
⑳ 2, 16
㉑ 5, 40
㉒ 9, 72
㉓ 4, 32
㉔ 3, 24

50쪽 15 9의 단 곱셈구구 A

❶ 18, 27, 36, 45, 54
❷ 36, 45, 54, 63, 72
❸ 45, 54, 63, 72, 81
❹ 36, 45, 54, 63, 72
❺ 27, 36, 45, 54, 63
❻ 27, 36, 45, 54, 63
❼ 9, 18, 27, 36, 45
❽ 9, 18, 27, 36, 45
❾ 18, 27, 36, 45, 54
❿ 45, 54, 63, 72, 81

51쪽

⑪ 2, 18
⑫ 6, 54
⑬ 3, 27
⑭ 1, 9
⑮ 7, 63
⑯ 3, 27
⑰ 8, 72
⑱ 5, 45
⑲ 4, 36
⑳ 1, 9
㉑ 8, 72
㉒ 9, 81
㉓ 5, 45
㉔ 2, 18

48쪽 14 8의 단 곱셈구구 B

❶ 8, 40
❷ 8, 24
❸ 8, 72
❹ 8, 48
❺ 8, 24
❻ 8, 16
❼ 8, 56
❽ 8, 56
❾ 8, 32
❿ 8, 64
⑪ 8, 16
⑫ 8, 40
⑬ 8, 72
⑭ 8, 32

49쪽

⑮ 16
⑯ 40
⑰ 56
⑱ 8
⑲ 24
⑳ 16
㉑ 72
㉒ 72
㉓ 64
㉔ 32
㉕ 40
㉖ 32
㉗ 64
㉘ 56
㉙ 48
㉚ 16
㉛ 48
㉜ 8
㉝ 56
㉞ 32
㉟ 24

52쪽 16 9의 단 곱셈구구 B

❶ 9, 54
❷ 9, 27
❸ 9, 36
❹ 9, 18
❺ 9, 72
❻ 9, 54
❼ 9, 81
❽ 9, 45
❾ 9, 63
❿ 9, 18
⑪ 9, 81
⑫ 9, 36
⑬ 9, 63
⑭ 9, 27

53쪽

⑮ 27
⑯ 54
⑰ 18
⑱ 45
⑲ 36
⑳ 72
㉑ 18
㉒ 18
㉓ 81
㉔ 9
㉕ 27
㉖ 63
㉗ 54
㉘ 36
㉙ 63
㉚ 36
㉛ 72
㉜ 45
㉝ 9
㉞ 81
㉟ 63

17 1의 단 곱셈구구/ 0과 어떤 수의 곱 Ⓐ

54쪽

❶ 2, 3, 4, 5, 6
❷ 4, 5, 6, 7, 8
❸ 1, 2, 3, 4, 5
❹ 5, 6, 7, 8, 9
❺ 1, 2, 3, 4, 5
❻ 0, 0, 0, 0, 0
❼ 0, 0, 0, 0, 0
❽ 0, 0, 0, 0, 0
❾ 0, 0, 0, 0, 0
❿ 0, 0, 0, 0, 0

55쪽

⓫ 8, 8
⓬ 7, 7
⓭ 4, 4
⓮ 2, 2
⓯ 9, 9
⓰ 5, 5
⓱ 3, 3
⓲ 3, 0
⓳ 4, 0
⓴ 2, 0
㉑ 7, 0
㉒ 5, 0
㉓ 8, 0
㉔ 1, 0

18 1의 단 곱셈구구/ 0과 어떤 수의 곱 Ⓑ

56쪽

❶ 3 / 1, 3
❷ 4 / 1, 4
❸ 9 / 1, 9
❹ 7 / 1, 7
❺ 8 / 1, 8
❻ 2 / 1, 2
❼ 0 / 0, 0
❽ 0 / 0, 0
❾ 0 / 0, 0
❿ 0 / 0, 0
⓫ 0 / 0, 0
⓬ 0 / 0, 0

57쪽

⓭ 8
⓮ 2
⓯ 9
⓰ 7
⓱ 5
⓲ 4
⓳ 3
⓴ 7
㉑ 6
㉒ 1
㉓ 9
㉔ 0
㉕ 0
㉖ 0
㉗ 0
㉘ 0
㉙ 0
㉚ 0
㉛ 0
㉜ 0
㉝ 0

58쪽 01 길이의 합 A

① 5m 90cm
② 2m 80cm
③ 7m 90cm
④ 3m 90cm
⑤ 6m 90cm
⑥ 9m 30cm
⑦ 9m 80cm
⑧ 4m 80cm
⑨ 6m 50cm
⑩ 8m 60cm

59쪽

⑪ 9m 60cm
⑫ 5m 40cm
⑬ 6m 70cm
⑭ 2m 60cm
⑮ 8m 40cm
⑯ 4m 50cm
⑰ 7m 90cm
⑱ 8m 50cm
⑲ 9m 70cm
⑳ 8m 60cm

60쪽 02 길이의 합 B

① 2m 90cm
② 8m 40cm
③ 9m 90cm
④ 2m 90cm
⑤ 7m 70cm
⑥ 7m 30cm
⑦ 6m 70cm
⑧ 6m 60cm
⑨ 8m 90cm
⑩ 4m 50cm

61쪽

⑪ 5m 60cm
⑫ 6m 70cm
⑬ 2m 40cm
⑭ 5m 80cm
⑮ 9m 50cm
⑯ 5m 40cm
⑰ 7m 40cm
⑱ 9m 40cm
⑲ 6m 90cm
⑳ 4m 60cm

62쪽 03 길이의 합 C

① 8m 50cm
② 8m 40cm
③ 8m 40cm
④ 2m 50cm
⑤ 6m 30cm
⑥ 9m 70cm
⑦ 8m 90cm
⑧ 4m 70cm
⑨ 5m 80cm
⑩ 8m 80cm
⑪ 6m 40cm
⑫ 6m 30cm
⑬ 9m 70cm
⑭ 3m 90cm

63쪽

⑮ 7m 50cm
⑯ 9m 60cm
⑰ 7m 50cm
⑱ 8m 90cm
⑲ 4m 80cm
⑳ 9m 80cm
㉑ 2m 80cm
㉒ 5m 70cm
㉓ 3m 50cm
㉔ 5m 60cm
㉕ 9m 70cm
㉖ 7m 60cm
㉗ 6m 60cm
㉘ 9m 60cm

64쪽 04 길이의 차 A

① 3m 20cm
② 3m 10cm
③ 2m 40cm
④ 4m 60cm
⑤ 6m 30cm
⑥ 5m 10cm
⑦ 5m 30cm
⑧ 3m 10cm
⑨ 3m 30cm
⑩ 2m 60cm

65쪽

⑪ 4m 20cm
⑫ 3m 20cm
⑬ 2m 10cm
⑭ 3m 20cm
⑮ 5m 10cm
⑯ 2m 20cm
⑰ 2m 50cm
⑱ 3m 30cm
⑲ 7m 60cm
⑳ 4m 50cm

66쪽 **05 길이의 차** B

❶ 5m 70cm
❷ 2m 10cm
❸ 5m 10cm
❹ 2m 50cm
❺ 2m 10cm
❻ 3m 50cm
❼ 3m 40cm
❽ 3m 20cm
❾ 4m 40cm
❿ 4m 20cm

67쪽

⓫ 2m 30cm
⓬ 3m 10cm
⓭ 6m 50cm
⓮ 2m 40cm
⓯ 5m 10cm
⓰ 2m 10cm
⓱ 3m 40cm
⓲ 4m 30cm
⓳ 3m 70cm
⓴ 5m 20cm

68쪽 **06 길이의 차** C

❶ 3m 30cm
❷ 4m 10cm
❸ 2m 50cm
❹ 3m 40cm
❺ 3m 10cm
❻ 2m 60cm
❼ 6m 30cm
❽ 5m 70cm
❾ 2m 20cm
❿ 7m 20cm
⓫ 2m 20cm
⓬ 2m 10cm
⓭ 3m 40cm
⓮ 2m 10cm

69쪽

⓯ 5m 50cm
⓰ 5m 40cm
⓱ 2m 70cm
⓲ 4m 40cm
⓳ 3m 50cm
⓴ 3m 20cm
㉑ 7m 40cm
㉒ 7m 20cm
㉓ 4m 50cm
㉔ 2m 40cm
㉕ 2m 20cm
㉖ 3m 20cm
㉗ 2m 30cm
㉘ 3m 50cm

70쪽 01 시각 읽기 (A)

① 7, 10
② 3, 40
③ 4, 10
④ 6, 30
⑤ 11, 50
⑥ 11, 30
⑦ 9, 40
⑧ 5, 50
⑨ 2, 50
⑩ 7, 30
⑪ 10, 30
⑫ 12, 30

71쪽

⑬ 8, 10
⑭ 5, 40
⑮ 7, 50
⑯ 4, 40
⑰ 1, 40
⑱ 4, 30
⑲ 12, 20
⑳ 3, 10
㉑ 9, 50
㉒ 11, 20
㉓ 2, 10
㉔ 3, 30

72쪽 02 시각 읽기 (B)

① 4, 55 / 5, 5
② 7, 45 / 8, 15
③ 7, 55 / 8, 5
④ 6, 40 / 7, 20
⑤ 12, 45 / 1, 15
⑥ 9, 50 / 10, 10
⑦ 2, 40 / 3, 20
⑧ 3, 45 / 4, 15
⑨ 3, 50 / 4, 10
⑩ 1, 55 / 2, 5
⑪ 5, 55 / 6, 5
⑫ 11, 40 / 12, 20

73쪽

⑬ 5, 15
⑭ 12, 5
⑮ 6, 20
⑯ 2, 15
⑰ 9, 20
⑱ 3, 10
⑲ 4, 5
⑳ 12, 5
㉑ 7, 10
㉒ 6, 15
㉓ 7, 15
㉔ 10, 20

74쪽 03 시각과 분 사이의 관계 (A)

① 480
② 140
③ 220
④ 570
⑤ 510
⑥ 85
⑦ 280
⑧ 72
⑨ 91
⑩ 300
⑪ 70
⑫ 390
⑬ 400
⑭ 490

75쪽

⑮ 560
⑯ 71
⑰ 78
⑱ 84
⑲ 96
⑳ 320
㉑ 380
㉒ 150
㉓ 460
㉔ 190
㉕ 250
㉖ 580
㉗ 230
㉘ 81

76쪽 04 시각과 분 사이의 관계 (B)

① 2, 40
② 9, 50
③ 5, 10
④ 4, 50
⑤ 8, 20
⑥ 4, 30
⑦ 1, 17
⑧ 1, 14
⑨ 1, 23
⑩ 2, 10
⑪ 7
⑫ 9
⑬ 7, 20
⑭ 6

77쪽

⑮ 3
⑯ 1, 38
⑰ 8, 10
⑱ 7, 30
⑲ 6, 30
⑳ 9, 30
㉑ 2, 20
㉒ 1, 15
㉓ 8, 30
㉔ 1, 25
㉕ 1, 10
㉖ 1, 29
㉗ 8
㉘ 2, 50

78쪽 05 하루의 시간 A

❶ 93	❽ 45
❷ 27	❾ 63
❸ 34	❿ 75
❹ 84	⓫ 41
❺ 78	⓬ 70
❻ 86	⓭ 94
❼ 51	⓮ 39

79쪽

⓯ 79	㉒ 35
⓰ 80	㉓ 60
⓱ 30	㉔ 25
⓲ 91	㉕ 47
⓳ 97	㉖ 83
⓴ 48	㉗ 89
㉑ 64	㉘ 56

80쪽 06 하루의 시간 B

❶ 2, 2	❽ 1, 5
❷ 2, 17	❾ 3, 16
❸ 2, 6	❿ 1, 18
❹ 3, 13	⓫ 2, 20
❺ 4	⓬ 2, 22
❻ 3, 22	⓭ 2, 15
❼ 1, 13	⓮ 3, 12

81쪽

⓯ 1, 15	㉓ 2, 21
⓰ 3, 3	㉔ 3, 14
⓱ 1, 3	㉕ 2, 10
⓲ 1, 21	㉖ 1, 17
⓳ 1, 10	㉗ 4, 1
⓴ 1, 1	㉘ 1, 6
㉑ 2, 12	㉙ 2, 11
㉒ 1, 23	㉚ 2, 8

82쪽 07 1주일 알기 A

❶ 9	❽ 11
❷ 43	❾ 16
❸ 59	❿ 39
❹ 29	⓫ 19
❺ 34	⓬ 57
❻ 51	⓭ 58
❼ 18	⓮ 38

83쪽

⓯ 32	㉒ 40
⓰ 41	㉓ 54
⓱ 14	㉔ 12
⓲ 20	㉕ 49
⓳ 35	㉖ 23
⓴ 47	㉗ 8
㉑ 22	㉘ 46

84쪽 08 1주일 알기 B

❶ 2, 2	❽ 8, 3
❷ 8, 1	❾ 2, 4
❸ 3, 5	❿ 8, 2
❹ 6, 3	⓫ 2, 5
❺ 5, 6	⓬ 4, 6
❻ 3, 1	⓭ 3, 2
❼ 5, 3	⓮ 5, 2

85쪽

⓯ 5, 5	㉒ 6, 5
⓰ 4	㉓ 2
⓱ 7, 5	㉔ 1, 5
⓲ 7	㉕ 7, 5
⓳ 5	㉖ 1, 1
⓴ 4, 4	㉗ 6, 4
㉑ 6	㉘ 3, 1

86쪽 09 달력 알기 A

❶ 3, 4, 9, 10, 11, 16, 17

❷ 5, 6, 7, 10, 11, 21, 22, 30

❸ 5, 8, 12, 14, 15, 21, 22

❹ 10, 11, 14, 15, 18, 19, 20

❺ 6, 12, 18, 22, 26, 27, 28

❻ 2, 4, 8, 12, 14, 20, 26

87쪽

❼ 4, 10, 12, 16, 20, 22, 28

❽ 3, 9, 11, 15, 19, 21, 27

❾ 1, 7, 10, 15, 21, 24, 29

❿ 4, 11, 12, 18, 19, 25, 26

⓫ 4, 7, 12, 17, 22, 26, 27, 30

⓬ 5, 11, 14, 17, 19, 25, 28

88쪽 10 달력 알기 B

❶ 30, 31, 30, 30

❷ 31, 31, 31, 30, 31

❸ 31, 30, 31, 31, 31

❹ 31, 31, 30, 30

❺ 30, 31, 31, 30, 31

❻ 31, 30, 31, 31, 30

89쪽

❼ 20

❽ 18

❾ 25

❿ 42

⓫ 19

⓬ 46

⓭ 43

⓮ 13

⓯ 2, 5

⓰ 1, 5

⓱ 3, 8

⓲ 2, 11

⓳ 2, 3

⓴ 3, 4

㉑ 2, 4

㉒ 1, 2

MEMO